普通高等职业教育计算机系列规划教材

Photoshop CC 图像处理项目教程
（第2版）

明丽宏　杨兆辉　张　蕊　主　编
姚　尧　闻绍媛　副主编
杨　文　主　审

电子工业出版社

Publishing House of Electronics Industry

北京·BEIJING

内 容 简 介

本书根据平面设计工作的实际需要，以企业项目为载体，采用"任务驱动，项目导向"的模式编写而成。将 Photoshop CC 软件的核心知识及操作技巧贯穿于五大项目创作过程的始终，使读者可以全方位地将 Photoshop CC 核心知识、领域知识与项目创作紧密结合。

本书围绕"封面制作""海报制作""标志制作""包装制作""网页制作"5 类 10 个典型项目的创作实施，循序渐进地全面讲解 Photoshop CC 软件的安装与基本操作、图层管理、颜色设置、选区创建、图形绘制与编辑、文字制作、矢量图形与路径的应用、通道与蒙版的应用、色彩与色调调整、滤镜特效等功能，每个项目创作都配有相关的项目训练，以便读者对所学知识进行巩固与提高。

本书内容丰富、图文并茂、易教易学，适合作为各类大中专院校、职业院校及计算机培训机构的教材，同时也适合作为图像编辑爱好者及平面设计人员的参考书。

未经许可，不得以任何方式复制或抄袭本书之部分或全部内容。
版权所有，侵权必究。

图书在版编目（CIP）数据

Photoshop CC 图像处理项目教程 / 明丽宏，杨兆辉，张蕊主编. —2 版. —北京：电子工业出版社，2019.8
普通高等职业教育计算机系列规划教材
ISBN 978-7-121-37003-8

Ⅰ. ①P… Ⅱ. ①明… ②杨… ③张… Ⅲ. ①图象处理软件—高等职业教育—教材 Ⅳ. ①TP391.413

中国版本图书馆 CIP 数据核字（2019）第 135008 号

责任编辑：徐建军　　　　特约编辑：田学清
印　　刷：北京虎彩文化传播有限公司
装　　订：北京虎彩文化传播有限公司
出版发行：电子工业出版社
　　　　　北京市海淀区万寿路 173 信箱　　邮编：100036
开　　本：787×1 092　1/16　印张：14.25　字数：393 千字
版　　次：2015 年 10 月第 1 版
　　　　　2019 年 8 月第 2 版
印　　次：2019 年 8 月第 1 次印刷
定　　价：43.00 元

凡所购买电子工业出版社图书有缺损问题，请向购买书店调换。若书店售缺，请与本社发行部联系，联系及邮购电话：（010）88254888，88258888。

质量投诉请发邮件至 zlts@phei.com.cn，盗版侵权举报请发邮件至 dbqq@phei.com.cn。
本书咨询联系方式：（010）88254570，xujj@phei.com.cn。

前　言

本书以高等职业教育注重学生应用能力培养的要求为原则，融"理论知识、实践技能、行业经验"于一体。本书内容注重和职业岗位相结合，遵循职业能力培养基本规律，构建 Photoshop 图像处理课程体系，由简单到复杂，由单一到综合，设置"大学生求职封面制作""美味食物封面制作""城市宣传海报制作""汽车海报制作""护眼宣传标志制作""班级标志制作""奶油冰激凌包装制作""月饼盒包装制作""汽车网页制作""蛋糕店登录界面制作"10 个项目创作。

本书 5 类项目创作的内容框架为"项目创作+Photoshop CC 软件知识+领域知识+操作技巧+项目训练"，以企业项目为平台，以典型工作任务为载体，引领软件知识点的学习，使学生掌握所需的基本理论和技能。本书内容的设计同时兼顾融入行业经验与职业标准，拓展学生的自主与合作学习能力，不但为学生技术能力的培养奠定了坚实的基础，也为教师个性化教学提供更多的资源和选择。

本书根据国家职业资格考试及平面图像设计认证考试要求，突出实际、实用、实践等高职教学特点，促进学生能力、知识、素质的全面协调发展，着重培养学生的综合职业能力。

本书是由具有多年教学实战经验的"双师素质"一线骨干教师编写的，力求抓住初学者的心理特点，激发初学者的创造性思维能力，淋漓尽致地发挥"双师素质"教师多年的实战经验，系统总结并讲授 Photoshop CC 软件操作技巧。本书不仅提供了项目素材、项目效果文件，还特别安排了项目训练，让读者能够举一反三、轻松驾驭并完成项目创作，真正成长为 Photoshop CC 创作高手。

本书由哈尔滨职业技术学院的明丽宏、杨兆辉、张蕊担任主编，由姚尧、闻绍媛担任副主编，由杨文担任主审。全书由明丽宏、杨兆辉、张蕊组织策划，姚尧、闻绍媛统稿。其中，项目 1 由姚尧编写，项目 2 由闻绍媛编写，项目 3 由杨兆辉编写，项目 4 由明丽宏编写，项目 5 由张蕊编写。本书在编写过程中得到各方面的支持，在此一并表示感谢！

为了方便教师教学，本书配有电子教学课件及相关资源，请有此需要的老师登录华信教育资源网（www.hxedu.com.cn）注册后免费进行下载。如有问题可在网站留言板留言或与电子工业出版社联系（E-mail：hxedu@phei.com.cn）。

学习本书的知识是一项系统工程，需要在实践中不断加以完善及改进，书中难免存在疏漏和不足，恳请同行专家和读者给予批评和指正。

编　者

目　录

项目 1　封面制作 ··· 1

　1.1　任务 1　大学生求职封面制作 ··· 1
　　　1.1.1　主题说明 ··· 1
　　　1.1.2　项目实施操作 ··· 1
　　　1.1.3　总结与点评 ·· 7
　1.2　任务 2　美味食物封面制作 ··· 7
　　　1.2.1　主题说明 ··· 7
　　　1.2.2　项目实施操作 ··· 7
　　　1.2.3　总结与点评 ··· 11
　1.3　封面制作相关知识 ·· 12
　　　1.3.1　书籍封面的基本结构 ·· 12
　　　1.3.2　书籍封面各部分特点 ·· 12
　　　1.3.3　书籍封面设计方法 ··· 13
　　　1.3.4　书籍封面设计赏析 ··· 15
　1.4　Photoshop CC 相关知识 ··· 16
　　　1.4.1　初识 Photoshop CC ·· 16
　　　1.4.2　Photoshop CC 界面详解 ·· 21
　　　1.4.3　Photoshop CC 图像处理 ·· 25
　1.5　项目小结 ·· 44
　1.6　项目训练一 ··· 44

项目 2　海报制作 ··· 45

　2.1　任务 1　城市宣传海报制作 ·· 45
　　　2.1.1　主题说明 ··· 45
　　　2.1.2　项目实施操作 ··· 45
　　　2.1.3　总结与点评 ·· 53
　2.2　任务 2　汽车海报制作 ·· 54
　　　2.2.1　主题说明 ··· 54
　　　2.2.2　项目实施操作 ··· 54
　　　2.2.3　总结与点评 ·· 58
　2.3　任务 3　海报制作相关知识 ·· 58
　　　2.3.1　什么是海报 ·· 58
　　　2.3.2　海报的特点 ·· 58
　　　2.3.3　海报的分类 ·· 59
　　　2.3.4　海报设计的元素 ·· 59

2.3.5　海报的设计与制作 ································· 59
　　2.3.6　海报设计赏析 ································· 60
2.4　Photoshop CC 相关知识 ································· 62
　　2.4.1　图像色彩调整 ································· 62
　　2.4.2　文字的应用 ································· 81
2.5　项目小结 ································· 90
2.6　项目训练二 ································· 90

项目 3　标志制作 ································· 91

3.1　任务 1　护眼标志制作 ································· 91
　　3.1.1　主题说明 ································· 91
　　3.1.2　项目实施操作 ································· 91
　　3.1.3　总结与点评 ································· 94
3.2　任务 2　班级标志制作 ································· 94
　　3.2.1　主题说明 ································· 94
　　3.2.2　项目实施操作 ································· 94
　　3.2.3　总结与点评 ································· 97
3.3　标志制作相关知识 ································· 98
　　3.3.1　标志的概述 ································· 98
　　3.3.2　商标与标志的区别 ································· 98
　　3.3.3　标志的作用 ································· 98
　　3.3.4　标志的构成方法 ································· 99
　　3.3.5　标志的色彩设计 ································· 102
　　3.3.6　标志的构思与创意 ································· 104
　　3.3.7　标志设计的艺术表现手法 ································· 105
　　3.3.8　标志设计的发展方向 ································· 108
　　3.3.9　标志设计的原则 ································· 109
　　3.3.10　标志设计赏析 ································· 109
3.4　Photoshop CC 相关知识 ································· 110
　　3.4.1　图层的特性 ································· 110
　　3.4.2　图层调板 ································· 111
　　3.4.3　图层的分类 ································· 113
　　3.4.4　图层的基本操作 ································· 115
3.5　项目小结 ································· 133
3.6　项目训练三 ································· 133

项目 4　包装制作 ································· 134

4.1　任务 1　奶油冰激凌包装制作 ································· 134
　　4.1.1　主题说明 ································· 134
　　4.1.2　项目实施操作 ································· 134
　　4.1.3　总结与点评 ································· 145
4.2　任务 2　月饼盒包装制作 ································· 145
　　4.2.1　主题说明 ································· 145

		4.2.2 项目实施操作 ·· 145
		4.2.3 总结与点评 ·· 153
	4.3	包装制作相关知识 ·· 153
		4.3.1 包装的定义及分类 ·· 153
		4.3.2 包装设计与消费心理 ·· 153
		4.3.3 包装设计步骤 ·· 154
		4.3.4 包装的视觉传达设计 ·· 155
		4.3.5 包装设计赏析 ·· 156
	4.4	Photoshop CC 相关知识 ··· 158
		4.4.1 路径的应用 ·· 158
		4.4.2 通道的应用 ·· 171
		4.4.3 蒙版的应用 ·· 178
	4.5	项目小结 ·· 183
	4.6	项目训练四 ·· 183

项目 5　网页制作 ··· 184

5.1	任务 1　汽车网页制作 ·· 184
	5.1.1 主题说明 ·· 184
	5.1.2 项目实施操作 ·· 184
	5.1.3 总结与点评 ·· 189
5.2	任务 2　蛋糕店登录界面制作 ··· 189
	5.2.1 主题说明 ·· 189
	5.2.2 项目实施操作 ·· 189
	5.2.3 总结与点评 ·· 194
5.3	网页制作相关知识 ·· 194
	5.3.1 网页制作的基本要求 ·· 194
	5.3.2 网页的色彩 ·· 195
	5.3.3 网页构成的基本元素 ·· 197
	5.3.4 网页的版面布局 ·· 198
	5.3.5 网页设计赏析 ·· 200
5.4	Photoshop CC 相关知识 ··· 201
	5.4.1 滤镜的概念 ·· 201
	5.4.2 滤镜的种类和用途 ·· 201
	5.4.3 滤镜的使用规则 ·· 202
	5.4.4 滤镜库 ·· 202
	5.4.5 智能滤镜 ·· 203
	5.4.6 "风格化"滤镜组 ·· 205
	5.4.7 "画笔描边"滤镜组 ·· 206
	5.4.8 "模糊"滤镜组 ·· 207
	5.4.9 "扭曲"滤镜组 ·· 208
	5.4.10 "锐化"滤镜组 ··· 209
	5.4.11 "素描"滤镜组 ··· 210
	5.4.12 "纹理"滤镜组 ··· 211
	5.4.13 "像素化"滤镜组 ··· 212

5.4.14 "渲染"滤镜组 …… 212
   5.4.15 "艺术效果"滤镜组 …… 214
   5.4.16 "杂色"滤镜组 …… 215
   5.4.17 "镜头校正"滤镜 …… 216
   5.4.18 "消失点"滤镜 …… 216
   5.4.19 "Camera Raw"滤镜 …… 218
5.5 项目小结 …… 218
5.6 项目训练五 …… 218

项目 1 封面制作

本项目旨在掌握封面设计基本结构、封面设计各部分特点及封面设计方法的基础上，运用 Photoshop 完成图像合成与图形绘制等创作技法。灵活地使用多种选取工具，创作出精确的选区是 Photoshop 作品创作的关键环节；同时，Photoshop 的图形绘制功能非常强大，巧妙地使用这些变幻莫测的功能，能够使没有任何美术基础的人成为一名优秀的设计师。

重点提示：

封面设计相关知识
图像合成与图形绘制

1.1 任务 1 大学生求职封面制作

1.1.1 主题说明

一份好的大学生求职简历封面，是求职者推销自己的有力宣言。大学生求职封面的设计是每个大学生毕业前必须要做的事情，所以通过"大学生求职封面制作"设计实战，使学生熟悉封面设计的意义、要求和程序。封面是求职者的门面，它通过艺术形象吸引用人单位，起到无声的推销作用，同时也能展示求职者的艺术才能。

1.1.2 项目实施操作

（1）执行"文件｜新建"命令，新建背景文件，弹出如图 1-1 所示的对话框。按下"Ctrl+R"组合键打开标尺，使用"移动"工具拉上辅助线（四周留 3 毫米裁纸线，中间是封面和封底的分界线），如图 1-2 所示。

图 1-1 "新建"对话框

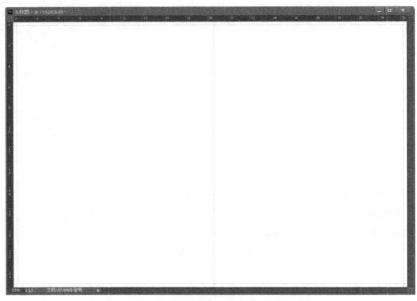

图 1-2　辅助线设置

（2）使用"渐变工具",制作渐变色,前景（#b24008）,背景（#1a10ef）,"渐变工具"属性栏设置为"对称渐变",得到的渐变填充效果如图 1-3 所示。

图 1-3　渐变填充效果

（3）制作封面十字分界线,选择"直线工具","颜色"设置为"黄色","粗细"设置为"4 像素",在封面上拉出如图 1-4 所示的辅助线。

（4）参考步骤 2 的方法,制作封面十字线左上角和右下角的渐变底色,工具属性栏设置为"线性渐变",如图 1-5 所示。

（5）在封面部分十字交叉点的右上角制作网纹图案,框选目标区域,选择"油漆桶工具",在属性栏中选择"拼贴"图案,单击目标区域内部;再建一个新图层,填充浅蓝色（#1a10ef）,设置图层"不透明度"为"50%",如图 1-6 所示。

项目 1　封面制作

图 1-4　十字分界线效果

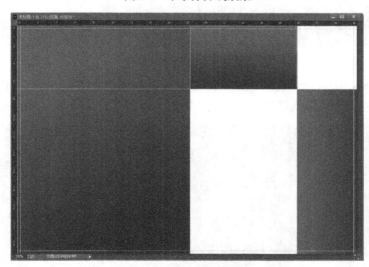

图 1-5　渐变填充效果

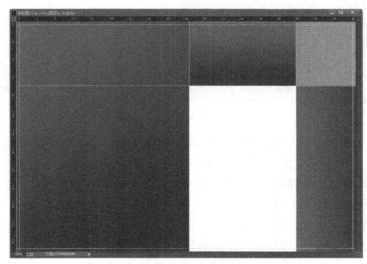

图 1-6　制作网格图案效果

（6）在封面十字线交叉点的右下方，插入图片（图片可根据读者需求选取），效果如图 1-7 所示。

图 1-7　插入图片效果

（7）打开素材：项目 1 素材及效果文件\素材\4.jpg，使用"移动工具"将其合成到右上方，并单击图层面板中的"设置图层的混合模式"按钮，选择"正片叠底"，效果如图 1-8 所示。

图 1-8　插入文字图片效果

（8）在封面十字交叉点右下方制作广告条。选择"圆角矩形工具"，在工具属性栏中设置"半径"为"50"，设置"颜色"为"绿色（#126b0c）"，并使用"直排文字工具"，输入文字"你给我一个机会，我还你一份精彩"，为圆角矩形添加"斜面和浮雕"及"投影"效果，为文字添加"投影"效果，如图 1-9 所示。

（9）在封面十字交叉点处制作荷花图片。选择"自定义形状工具"，选择并使用"窄边圆形边框"，在目标位置处，按下"Alt+Shift"组合键，制作出圆形相框，添加"斜面和浮雕"效果，使用"移动工具"在圆形相框中粘贴荷花图片（可根据读者需求选取），效果如图 1-10 所示。

图1-9 输入文字效果

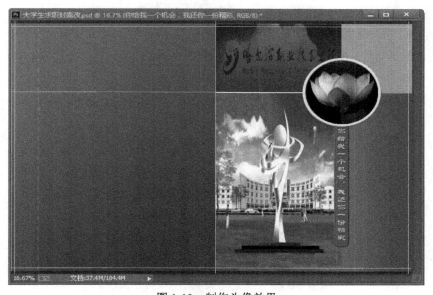

图1-10 制作头像效果

（10）使用"移动工具"，打开原始图片并按住鼠标左键快速完成图片合成（可根据读者需求自行选取），单击图层调板底部的"添加图层样式"按钮，适当添加"投影"及"斜面和浮雕"样式，效果如图1-11所示。

（11）使用"直排文字工具"，在工具属性栏中选择"黄色"，根据需求适当设置"字体"及"字号"，输入"求职简历"文字，效果如图1-12所示。

（12）继续使用"文字工具"，根据求职者需求输入其余文字，执行"文件｜存储"命令进行保存，最终效果如图1-13所示。

图 1-11　设置插入图片图层样式效果

图 1-12　输入文字效果

图 1-13　作品最终效果

项目 1　封面制作

注意　按下"Shift"键再选择椭圆选框工具,可以创建圆形选区。按下"Alt"键,可以创建一个以起点为中心的椭圆形选区。按下"Alt+Shift"组合键则可以创建一个以起点为中心的圆形选区。

1.1.3　总结与点评

大学生求职封面设计是简历装帧设计的前奏。通过大学生求职封面设计,将多种工具进行组合应用,在使用时注意操作技巧。

1.2　任务 2　美味食物封面制作

1.2.1　主题说明

任何工作都有一个基本流程,封面设计更是拥有了一套完善的设计流程。
- 封面构思:封面构思是设计的开始,需要对设计内容有一个深刻、全面的了解,并对主题进行归纳与总结,在构思过程中,应全盘考虑在封面设计中可能运用的色彩、文字、图像等元素。
- 版面构图:版面构图以构思为基础,将原来抽象的想法实现成为可见的具体形象内容,其中就包括了文字、图像及色彩元素的设计。
- 搜集素材:在完成构思与构图工作后,就可以开始实质性的设计工作了,通过各种渠道将构图时想到的素材搜集起来。
- 设计执行:按照既定的思路结合软件技术,将封面中的图像内容制作出来。

1.2.2　项目实施操作

(1)新建文件(宽×高:11 厘米×16 厘米,分辨率:300 像素/英寸,模式:RGB,背景:白色),如图 1-14 所示。

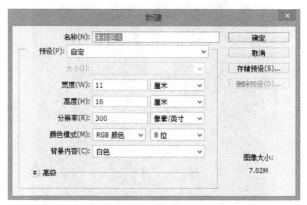

图 1-14　"新建"对话框

(2)使用工具箱中的"渐变工具",打开"渐变编辑器"对话框,如图 1-15 所示,设置从浅粉(R150、G20、B94)到深粉(R68、G6、B48)的"径向渐变",从中心向边缘拖动,得到如图 1-16 所示的径向渐变效果。

图 1-15 "渐变编辑器"对话框　　　　图 1-16 径向渐变效果

（3）打开素材：项目 1 素材及效果文件\素材\02.jpg，使用"移动工具"将其插入图像中，设置图层"混合模式"为"柔光"，效果如图 1-17 所示。

图 1-17 设置"柔光"效果

（4）打开素材：项目 1 素材及效果文件\素材\01.jpg，使用"移动工具"将其插入图像中，单击图层调板底部的"添加图层样式"按钮,选择"投影"选项,其参数设置如图1-18所示,效果如图1-19所示。

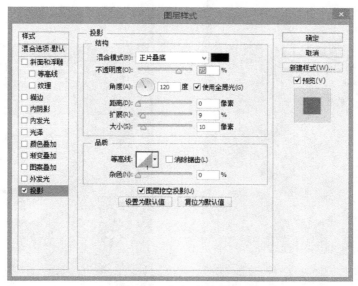

图1-18 投影参数设置

图1-19 插入图片效果

（5）使用"钢笔工具"绘制如图1-20所示的形状,按下"Ctrl+Enter"组合键将其转换为选区,并填充黄色（R244、G230、B20）,如图1-20所示。

（6）打开素材：项目1素材及效果文件\素材\05.jpg,使用"移动工具"将其插入图像中,并设置图层"混合模式"为"深色",效果如图1-21所示。

图1-20　绘制形状　　　　　　　　　　　　　　图1-21　插入图片

（7）打开素材：项目1素材及效果文件\素材\03.jpg及04.jpg，使用"移动工具"将其插入图像中，并设置图层"混合模式"为"正片叠底"，效果如图1-22所示。

图1-22　插入图片

（8）使用"文字工具"输入"Delicious Food"，可对文字进行适当缩放，并添加投影效果，其参数设置如图1-23所示，效果如图1-24所示。

（9）使用"直排文字蒙版工具"，输入"美味食物"，选择工具箱的"渐变工具"，设置渐变参数为系统中的"色谱"进行渐变填充，最终效果如图 1-25 所示。

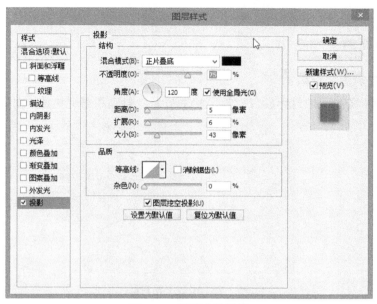

图 1-23　投影参数设置

图 1-24　文字斜切及缩放效果

图 1-25　文字渐变设置效果

1.2.3　总结与点评

在本节项目中，为读者安排了美味食物封面制作，其目的是要求读者能够熟练掌握"渐变编辑器"对话框的设置与使用，能够使用不同的渐变类型创作渐变效果。

1.3 封面制作相关知识

1.3.1 书籍封面的基本结构

1. 平装书籍封面的结构

平装书籍封面又叫无护封无勒口软封面，由封面、封底和书脊构成，如图 1-26 所示。

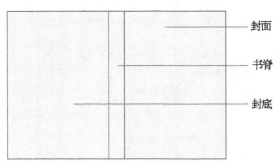

图 1-26　平装书籍封面

2. 简精装书籍封面的结构

简精装书籍的封面由勒口、封面、封底及书脊构成。此结构可以是无护封有勒口的软封面，也可以是软封面的护封，如图 1-27 所示。

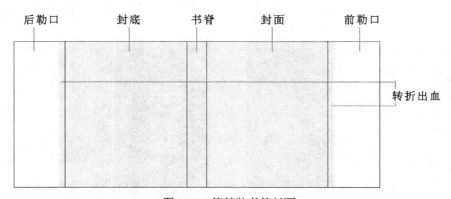

图 1-27　简精装书籍封面

1.3.2 书籍封面各部分特点

1. 前封面

前封面一般包括书名、作者及出版社名称，也是书籍设计的重点，如图 1-28 所示。

2. 书脊

一般来说，书脊上要有书名、作者、出版社名称和出版社标志。很厚的书脊要着重设计，采用横排文字比竖排文字便于阅读，而且在书籍展示时也更加醒目。

图 1-28　典型前封面

3．前勒口

前勒口是读者打开书看见的第一个文字较详细的部位，一般主要放置内容简介、作者简介和丛书名称等。根据侧重点不同，若为了方便读者阅读，则应放置书籍内容简介；若为了突出作者形象，则应放置作者简介；若为了推荐相关书籍，则应放置丛书名称。

4．封底

相对于封面来说，封底的设计一般比较简单。简装书籍的封底主要有出版者标志、丛书名、价格、条码、书号及丛书介绍等。对于有勒口的书籍，这些信息可以放在后勒口上。

5．后勒口

后勒口在内容上是最简单的，一般只有出版社名称及丛书等文字说明。

1.3.3　书籍封面设计方法

1．封面文字

封面文字一般都比较简练，主要是书名（包括丛书名和副书名）、作者和出版社名称等，如图 1-29 所示。

图 1-29　封面文字

2．封面图形

封面上的图形包括摄影图片、插图和图案等，有具体的，也有抽象的；有写实的，也有写意的，如图1-30所示。

图1-30　封面图形

3．封面整体设计

封面与封底基本相同，如图1-31所示。

图1-31　封面与封底基本相同

以一个完整的图形横跨封面、书脊和封底，如图1-32所示。

图1-32　一个完整图形横跨封面、书脊和封底

将封面上的全部或局部图形缩小后放在封底上，作为封底上的标志或图案，从而与封面前后呼应，如图 1-33 所示。

图 1-33　封面全部或局部图形缩小放到封底

1.3.4　书籍封面设计赏析

- 《雅琴棋书画》的封面，如图 1-34 所示。

图 1-34　《雅琴棋书画》的封面

图形、文字、色彩是书籍装帧设计的主要元素。图 1-34 所示的封面设计环环相扣，处处传达着设计者的用心。封面中的图形、文字、色彩无不在点出"琴棋书画"四个字。首先，整个封面图案上以几个古代学者为主，图案又被五根"琴弦"分割着，点出了"琴"字。其次，封面的"琴棋书画"四字以圆形黑色背景点缀，就像围棋中的黑子一样，点出了"棋"。最后，封面中的"雅"字以中国古典的书法写出，点出了"书"，而一开始说的图案，看起来其实则是一幅"画"，"画"的点出不言而喻。其中文字以中国书法和英文相结合，则是一个古典和现代的结合，色彩上采用的是现代感十足的蓝色，古今结合更是完美。

- 《上海风云》的封面，如图 1-35 所示。

图 1-35　《上海风云》的封面

这是一本具有近代上海滩风味的书籍，封面用的是墨绿色，里面隐约突出一位穿着旗袍的女子，使人一看便能把这本书与上海结合起来，另外一把扇子里面更是有上海的特色地点，图片从书的封面一直延伸到背面，设计整体美观，书名用两种字体设计，"风云"二字飘逸洒脱，突出主题。

1.4　Photoshop CC 相关知识

1.4.1　初识 Photoshop CC

1.4.1.1　Photoshop CC 的应用领域

Photoshop CC 作为目前主流的一种图像编辑软件，应用十分广泛。下面详细介绍 Photoshop CC 行业应用方面的知识。

1. 数码照片处理

在拍摄照片后，摄影师可以使用 Photoshop CC 处理数码照片，调整照片的亮度及对比度，调整照片的色彩及色调，同时还可以合成背景，添加滤镜效果等，使拍摄出的照片更加完美，如图 1-36 所示。

图 1-36　数码照片处理效果

2. 广告设计

Photoshop CC 功能强大，用户可以设计出精美绝伦的广告海报、招贴等，如图 1-37 所示。

图 1-37　广告海报设计效果

3. 包装设计

用户使用 Photoshop CC 可以设计出各种精美的包装效果，如饮料包装的平面图及立体图等，如图 1-38 所示。

图 1-38　饮料包装设计效果

4. 插画设计

用户使用 Photoshop CC 可以设计出不同风格及表现形式多样的插画效果，如时尚人物插画、体育插画等，如图 1-39 所示。

5. 艺术文字

用户使用 Photoshop CC 可以设计出各种精美的艺术字，艺术字被广泛应用于图书封面、海报设计等领域，如图 1-40 所示。

图 1-39　时尚人物插画设计效果

图 1-40　艺术字设计效果

6. 网页设计

用户使用 Photoshop CC 可以制作出网站中的各种元素，如网站标题、网站按钮等，如图 1-41 所示。

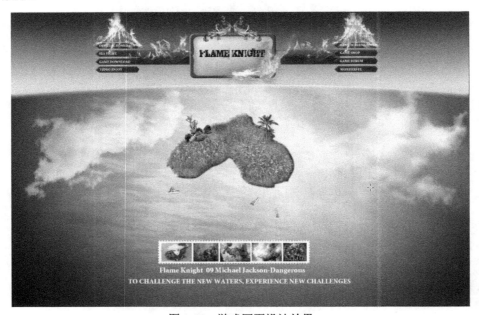

图 1-41　游戏网页设计效果

7. 标志设计

用户使用 Photoshop CC 可以设计出各种易于识别，能够显示事物自身特性的标志，如图 1-42 所示。

图 1-42　标志设计效果

8. 界面设计

用户使用 Photoshop CC 可以设计出精美的软件界面、游戏界面、手机界面、电脑界面等，如图 1-43 所示。

图 1-43　软件界面设计效果

9. 效果图后期处理

在 Photoshop CC 中，用户在制作建筑效果图时，渲染出的图片通常都要做后期处理，如房屋、人物、车辆、植物、天空等，如图 1-44 所示。

图 1-44　效果图后期处理效果

10. 绘制三维材质贴图

使用 Photoshop CC，用户还可以对三维图像进行三维材质贴图的操作，使图像更为逼真，如图 1-45 所示。

图 1-45　三维材质贴图效果

> **注意**　Photoshop CC 在处理图像时，对电脑的配置要求较高，尤其是电脑内存的大小决定着 Photoshop CC 处理图像的速度。

1.4.1.2　Photoshop CC 功能特色

Photoshop CC 可以帮助用户更好地实现完美的平面设计作品，同时随着 Photoshop 软件版本的不断升级，其功能也越来越强大。Photoshop CC 的功能特色主要有以下几个方面。

1．链接智能对象的改进

用户可以将链接的智能对象打包到 Photoshop 文档中，以便将它们的源文件保存在计算机的文件夹中。Photoshop 文档的副本会随源文件一起保存在文件夹中。

用户可以将嵌入的智能对象转换为链接的智能对象。在转换时，应用于嵌入的智能对象的变换、滤镜和其他效果将保留。

工作流程改进，尝试对链接的智能对象执行操作时，如果其源文件缺失，则会提示用户必须栅格化或解析智能对象。

2．智能对象中的图层复合

考虑一个带有图层复合的文件，且该文件在另外一个文件中以智能对象存储。当用户选择了包含该文件的智能对象时，"属性"面板允许用户访问在源文档中定义的图层复合。该功能允许用户更改图层等级的智能对象状态，但无须编辑该智能对象。

3．使用 Typekit 中的字体

通过与 Typekit 相集成，Photoshop CC 为创意项目的排版创造了无限可能。用户可以使用 Typekit 中已经与计算机同步的字体。这些字体显示在本地安装的字体旁边。还可以在"文本工具"选项栏和"字符"调板的"字体"列表中选择查看 Typekit 中的字体。

如果打开的文档中缺失某些字体，Photoshop CC 还允许用户使用 Typekit 中的等效字体替换这些字体。

4．选择位于焦点的图像区域

Photoshop CC 允许用户选择位于焦点的图像区域或像素。用户可以扩大或缩小默认选区，将选区调整到满意的效果之后，将当前图层上的蒙版生成新图层或文档。

5．带有颜色混合的内容识别功能

在 Photoshop CC 中，润色图像和从图像中移动不需要的元素比以往更简单，以下内容识别功能现已加入算法颜色混合：内容识别填充、内容识别修补、内容识别移动、内容识别扩展。

6．Photoshop 生成器的增强

Photoshop CC 推出了增强生成器功能。用户可以选择将特定图层/图层组生成的图像资源直接保存在资源文件夹下的子文件夹中，包括子文件夹名称/图层名称，还可以为生成的资源指定文件默认设置，创建空图层时其名称以默认关键词开始，然后指定默认设置。

7．3D 打印

Photoshop CC 增强了 3D 打印功能。
- 在"打印预览"对话框会指出哪些表面已修复。
- 用于"打印预览"对话框的新渲染引擎，可提供更精确的具有真实光照效果的预览，新渲染引擎光线能够更准确地跟踪 3D 对象。
- 新重构算法极大地减少了 3D 对象文件中的三角形计数。
- 在打印到 Mcor 和 Zcorp 打印机时，可更好地支持高分辨率纹理。

8．启用实验性功能

Photoshop CC 附带以下供试用的实验性功能。
- 对高密度显示屏进行 200%用户界面缩放。
- 启用多色调 3D 打印。

9．同步设置改进

Photoshop CC 提供了"同步设置"体验，该功能具有简化的流程和其他有用的增强功能。
- 用户现在可以指定同步的方向。
- 用户可以直接从"首选项｜同步设置"选项卡中进行上传或下载设置。
- 用户可以同步工作区、设置快捷键和自定义菜单。

1.4.2　Photoshop CC 界面详解

为了更好地使用 Photoshop CC 进行图像编辑操作，用户应了解 Photoshop CC 的工作界面，本节将重点介绍 Photoshop CC 工作界面。

1.4.2.1　Photoshop CC 工作界面

Photoshop CC 的工作界面如图 1-46 所示，主要由菜单栏、工具属性栏、工具箱、图像编辑窗口、图像标题选项卡、浮动控制调板、状态栏等几部分组成。接下来分别对各部分的功能进行介绍。

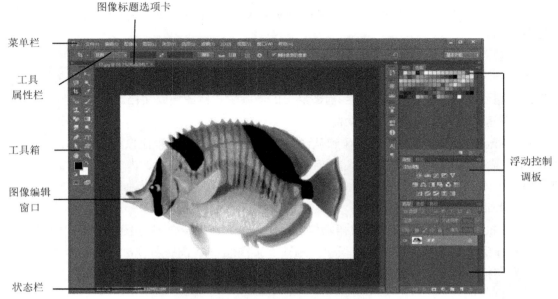

图 1-46　Photoshop CC 的工作界面

1.4.2.2　菜单栏

菜单栏位于窗口的顶端，由"文件""编辑""图像""图层""类型""选择""滤镜""3D""视图""窗口""帮助"11 个菜单组成，如图 1-47 所示。

图 1-47　菜单栏

注意　Photoshop CC 的菜单栏相对于 Photoshop CS6 的变化不大，其中标题栏和菜单栏也是合并在一起的。另外，如果菜单中的命令呈现灰色，则表示该命令在当前编辑状态下不可用；如果菜单命令右侧有一个三角形符号，则表示此菜单包含子菜单，将鼠标指针移动到该菜单上，即可打开其子菜单；如果菜单右侧有省略号"…"，则执行此菜单命令时将会弹出与之有关的对话框。

1.4.2.3　工具属性栏

1．工具箱

工具箱位于工作界面的左侧，共有 50 多个工具，如图 1-48 所示。要使用工具箱中的工具，只要单击相应的工具按钮即可在图像编辑窗口中使用。

用户可以看到，多数工具的右下角都有一个三角形的符号，这表示该工具的下面还有同类型的其他工具，鼠标放在该工具上按住左键不放或者单击右键即可显示其他工具，如图 1-49 所示。用户可以看到工具名称和快捷键。可以使用"Shift+快捷键"来实现该组工具的切换。

2．工具属性栏

工具属性栏显示的是工具的属性及相应选项，它是与工具箱中所选择的工具的不同而随时变化的，如图 1-50 所示为"套索工具"的属性栏，工具属性栏中的一些设置都是通用的，如羽化设定等。

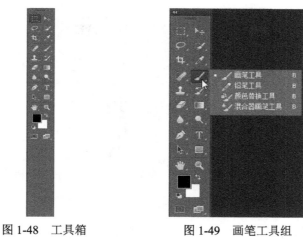

图 1-48　工具箱　　　　图 1-49　画笔工具组

图 1-50　"套索工具"属性栏

1.4.2.4　浮动控制调板

浮动控制调板位于界面的右侧，它是图像操作的常用选项和功能。并不是每个控制调板都是打开的，通过"窗口"菜单可以显示或隐藏每个控制调板，如图 1-51 所示。

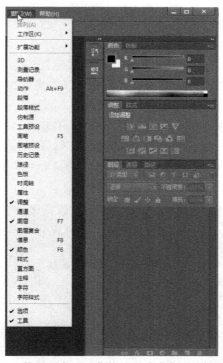

图 1-51　使用"窗口"菜单显示或隐藏浮动控制调板

用户可以根据自己的需要来选择哪些控制调板可见，可以拖动控制调板顶部的标题来移动位置，完成组合。还可以单击控制调板顶部的"折叠为图标"按钮将控制调板折叠或展开，如图 1-52 所示。也可以单击"调板菜单"按钮打开调板的菜单项，如图 1-53 所示。

Photoshop CC 图像处理项目教程（第 2 版）

图 1-52　折叠控制调板　　　　图 1-53　"颜色"控制调板菜单项

1.4.2.5　状态栏

状态栏位于图像窗口的底部，它主要显示当前编辑图像文件的基本信息，如文档的显示比例、文档大小等信息。用户可以选择不同选项来显示文档的相关信息，如图 1-54 所示。

图 1-54　状态栏

1.4.2.6　图像编辑窗口

在 Photoshop CC 工作界面的中间，呈灰色区域显示的即为图像编辑工作区。当打开一个文档时，工作区中将显示该文档的图像窗口，图像窗口是编辑的主要工作区域，图形的绘制或图像的编辑都在此区域中进行。

在图像编辑窗口中可以实现 Photoshop CC 中的所有功能，也可以对图像窗口进行多种操作，如改变窗口大小和位置等。当新建或打开多个文件时，图像标题栏的显示呈灰白色的窗口，即为当前编辑窗口，如图 1-55 所示，此时所有操作将只针对该图像编辑窗口；若想对其他图像编辑窗口进行编辑，单击需要编辑的图像窗口即可。

图 1-55　打开多个文档的工作界面

1.4.3 Photoshop CC 图像处理

1.4.3.1 图像选取

在 Photoshop CC 中，无论绘图还是处理图像，选取图像是基本的操作。我们可以灵活地使用多种选取工具创建选区，并对选区进行编辑，从而变化出多种视觉效果，下面让我们一起学习选框工具的使用方法。

1．矩形选框工具

在 Photoshop CC 中，用户可以使用工具箱中的"矩形选框工具"，在图像上选取矩形或正方形区域，其工具属性栏如图 1-56 所示。

图 1-56 "矩形选框工具"属性栏

"矩形选框工具"属性栏中的选区运算按钮用于创建由两个以上基本选区组合构成的复杂选区，这 4 个按钮的介绍如下。

新选区 ▫：新选区会替代原选区，相当于取消后重新选取。

添加到选区 ▫：新选区会与原选区相加，若两个选区不相交则最后都独立存在，若两个选区有相交部分则最后两个选区会合并成一个大的选区。

从选区减去 ▫：新选区将从原选区中减去。若两个选区不相交则没有任何效果，若两个选区有相交部分则最后效果是从原选区中减去两者相交的区域。要注意新选区不能大于原选区。

与选区交叉 ▫：保留两个选区的相交部分，若没有相交部分，则会出现警告框。

使用"矩形选框工具"创建选区的操作步骤如下。

（1）打开素材：项目 1 素材及效果文件\素材\225.jpg。

（2）选择工具箱中的"矩形选框工具"，创建矩形选区，如图 1-57 所示。

图 1-57 使用"矩形选框工具"创建选区

注意　按下"Shift"键再选择矩形选框工具，可以创建正方形选区。按下"Alt"键，可以创建一个以起点为中心的矩形选区。按下"Alt+Shift"组合键则可以创建一个以起点为中心的正方形选区。

2．椭圆选框工具

"椭圆选框工具"主要用来创建椭圆或圆形选区。"椭圆选框工具"与"矩形选框工具"的参数设置基本一致。下面我们使用"椭圆选框工具"来创建一个选区。

使用"椭圆选框工具"创建选区的操作步骤如下。

（1）打开素材：项目1素材及效果文件\素材\a1.jpg。

（2）选择工具箱中的"椭圆选框工具"，按住鼠标左键从左上方向右下方绘制椭圆选区，如图1-58所示。

图1-58　使用"椭圆工具"创建选区

3．套索工具

"套索工具"可以创建形状随意的曲线选区。在使用时，先在图像中单击确定一个起点，然后按住鼠标左键随意拖曳或沿所需形状边缘拖曳，若拖曳到起点后释放鼠标，则会形成一个封闭的选区；若未回到起点就释放鼠标，则起点和终点间会自动以直线相连。

由于比较难以控制鼠标走向，一般"套索工具"适合创建一些精确性要求不高的选区或者随意区域。

使用"套索工具"创建选区的操作步骤如下。

（1）打开素材图像。

（2）选择工具箱中的"套索工具"，按住鼠标左键创建选区，如图1-59所示。

4．多边形套索工具

"多边形套索工具"的原理是使用折线作为选区局部的边界，连续单击鼠标左键生成的折线段连接起来形成一个多边形的选区。在使用时，先在图像上单击确定多边形选区的起点，移动鼠标时会有一条直线跟随着鼠标，沿着要选择形状的边缘到达合适的位置单击鼠标左键创建一个转折点，按照同样的方法沿着选区边缘移动并依次创建各个转折点，最终回到起点后单击鼠标左键完成选区的创建。若不回到起点，在任意位置双击鼠标也会自动在起点和终点间生成一条连线作为多边形选区的最后一条边。

图 1-59　使用"套索工具"创建选区

"多边形套索工具"相比"套索工具"来说能更好地控制鼠标走向，所以创建的选区更为精确，一般适合于绘制形状边缘为直线的选区。

使用"多边形套索工具"创建选区的操作步骤如下。

（1）打开素材图像。

（2）选择工具箱中的"多边形套索工具"，连续单击鼠标左键创建选区，如图 1-60 所示。

图 1-60　使用"多边形套索工具"创建选区

5．磁性套索工具

"磁性套索工具"是根据颜色像素自动查找边缘来生成与选择对象最为接近的选区的，一般适合于选择与背景反差较大且边缘复杂的对象。使用方法与"套索工具"类似，先单击鼠标左键确定一个起点，然后鼠标在沿着对象边缘移动时会根据颜色范围自动绘制边界。若在选取过程中，局部对比度较低难以精确绘制时，也可以人为地单击鼠标左键添加紧固点，按下"Delete"键将会删除当前取样点，最后移动到起点位置单击鼠标左键，完成图像的选取。

选择"磁性套索工具"后，属性栏会显示相关的工具选项，如图 1-61 所示。

图 1-61　"磁性套索工具"属性栏

- 宽度：取值范围为 1～256（像素），默认值为 10，用于指定检测到的边缘宽度，数值越小，选择的图像越精确。

- 对比度：取值范围为 1%～100%，用于设置检测图像边缘的灵敏度。如果选取的图像与周围图像的颜色对比度较大，应取较高的数值。反之，取较低的数值。
- 频率：取值范围为 0～100，默认值为 57，用于设置生成紧固点的数量。数值越大，紧固点越多，选区的精确度越高，在选取边缘较复杂的图像时应设置较大的频率。

使用"磁性套索工具"创建选区的操作步骤如下。

（1）打开素材图像。

（2）选择工具箱中的"磁性套索工具"，连续单击鼠标左键创建选区，如图 1-62 所示。

图 1-62 使用"磁性套索工具"创建选区

注意 在使用"磁性套索工具"时，按"Alt"键可切换至"套索工具"或"多边形套索工具"。

6. 魔棒工具

"魔棒工具"可以一次性选择与取样点相同的颜色像素。它的操作方法非常简单，用户只要在所需选择图像的颜色区域的任意点单击，即可将所有与采样点相近的像素区域都包含在内。

选择"魔棒工具"后，属性栏会显示相关的工具选项，如图 1-63 所示。

图 1-63 "魔棒工具"属性栏

- 容差：取值范围为 0～255（像素），用于控制选取的范围。若取值较低，则只选择与取样点像素非常相似的几种颜色，选择范围较小，但精确度较高；若取值较高，则会选择范围更广的颜色区域，但选择的精确度会降低。
- 消除锯齿：使选区的边缘更为平滑。
- 连续：勾选此选项则只选择与鼠标落点颜色相近并相连的区域。反之，将会选择整个图像中所有颜色相近的部分。
- 对所有图层取样：勾选此选项将选中所有可见图层中的与取样点颜色相近的区域。反之，将只从当前选定图层中选择颜色区域。

使用"魔棒工具"创建选区的操作步骤如下。

（1）打开素材图像。

（2）选择工具箱中的"魔棒工具"，单击鼠标左键创建选区，如图 1-64 所示。

7. 快速选择工具

"快速选择工具"的功能非常强大，为用户提供了快速绘制优质选区的方法。"快速选择工具"的使用方法类似于"画笔工具"，设置好"快速选择工具"属性后，在要选择的图像区域拖动鼠标，选区会随之扩展并自动查找和跟随图像中定义的边缘。

图 1-64 使用"魔棒工具"创建选区

选择"快速选择工具"后,属性栏会显示相关的工具选项,如图 1-65 所示。

图 1-65 "快速选择工具"属性栏

- 新选区:在未选择任何选区的情况下的默认选项。创建初始选区后,此选项将自动更改为"添加到选区"。
- 添加到选区:新绘制的区域将被包含到已有的选区中。
- 从选区减去:从已有选区中减去另外拖过的区域。
- 画笔:单击画笔旁边的下拉箭头,可以设置画笔选项,方法同"画笔工具"的使用。若要选取离边缘较远或较大的区域,可以将画笔直径设置大一些;若要选取图像的边缘或较小的区域,则应将画笔直径设置小一些,尽量避免选择到不需要的区域。
- 对所有图层取样:选择该选项则是基于所有图层创建的选区,反之,则是基于当前选定图层创建的选区。
- 自动增强:选择该选项则会自动将选区向图像边缘进一步流动并应用一些边缘调整,减少选区边界的粗糙度和锯齿,选区边缘的效果也可以在"调整边缘"对话框中精细调整。

使用"快速选择工具"创建选区的操作步骤如下。

(1)打开素材图像。

(2)选择工具箱中的"快速选择工具",单击鼠标左键创建选区,如图 1-66 所示。

图 1-66 使用"快速选择工具"创建选区

8. 使用"选择"命令选择选区

除了使用工具选择对象，在"选择"菜单中也包含选择对象的命令。

（1）执行"选择｜全部"命令，可对图像进行全部选取，如图1-67所示。

图1-67 全部选择图像的效果

（2）执行"选择｜反向"命令，可对选区进行反向选取，如图1-68所示。

原选区　　　　　　　　　　执行"反向"命令后的选区

图1-68 原选区与执行"反向"命令后的选区

（3）执行"选择｜变换选区"命令，可对选区进行各种变形操作，如图1-69所示。

图1-69 选区变形操作

注意　按下"Alt"键，可以以中心点对称缩放选区。按下"Shift+Ctrl"组合键，同时拖动边框线或边框上的小方块，可以使选区变换为平行四边形。按下"Shift+Ctrl+Alt"组合键,同时拖动边框线或边框上的小方块,可以使选区对称扭曲变形。

(4)执行"选择|在快速蒙版模式下编辑"命令,可使用画笔与橡皮擦工具增加或减少蒙版区域,如图1-70所示。编辑完蒙版区域后,单击工具箱中的"以标准模式编辑"按钮即可查看选区,如图1-71所示。

原蒙版区域　　　　　　使用"画笔工具"增加蒙版区域　　　　使用"橡皮擦工具"减少蒙版区域

图1-70　使用"快速蒙版"创建选区

原选区　　　　　　　使用"画笔工具"后的选区　　　　　使用"橡皮擦工具"后的选区

图1-71　使用"快速蒙版"创建选区的效果

(5)执行"选择|扩大选取"命令,可以将现有选区扩大,把相邻且颜色相近的区域添加到选择区域内,颜色相近程度由"魔棒工具"的容差值决定。

(6)执行"选择|选取相似"命令的作用和"扩大选取"命令相似,但它所扩大的范围不仅仅局限于相邻的区域,还可以将整个图像中不连续但颜色相近的像素区域扩充到选区内,如图1-72所示。

原始图片　　　　　　　　扩大选取　　　　　　　　　选取相似

图1-72　执行"扩大选取"与"选取相似"命令后的选区效果

9. 使用"色彩范围"命令选择选区

执行"选择｜色彩范围"命令，将按指定的颜色或颜色子集来确定选择区域，打开的"色彩范围"对话框如图 1-73 所示，最终效果如图 1-74 所示。

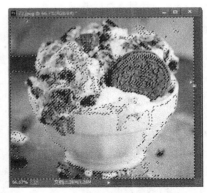

图 1-73　"色彩范围"对话框　　　　　图 1-74　使用"色彩范围"命令选择选区最终效果

- 选择：有取样颜色、标准色（红色、黄色、绿色、青色、蓝色、洋红）、亮度（高光、中间调、阴影）和溢色几种选择。溢色是无法使用印刷色打印的 RGB 或 Lab 颜色。（如果选择了一种颜色，但图像中并没有包含高饱和度的颜色时，会出现"任何像素都不大于 50%"的选择。）
- 颜色容差：用户可以通过拖动"颜色容差"滑块或直接输入数值来设置颜色的选取范围，数值越小所选择的颜色范围就较小，反之数值越大所选择的颜色范围就越大。
- 选择范围：在图像预览框中只显示被选中的颜色范围。
- 图像：在图像预览框中将显示整幅图像。
- 选区预览：设置图像窗口的预览模式。
- 标准吸管：创建新的颜色选区时选择此选项。
- 加色吸管：向已有选区中添加颜色区域时选择此选项。
- 减色吸管：向已有选区中删除颜色区域时选择此选项。
- 反相：选择与原选定区域的相反区域。

10. 使用"修改"命令调整选区

执行"选择｜修改"命令，可以对选区进行边界、平滑、扩展、收缩和羽化操作，其修改效果如图 1-75 所示。

　　　原选区　　　　　　　执行"扩展"命令后的选区　　　执行"收缩"命令后的选区

图 1-75　使用"修改"命令调整选区

1.4.3.2 图像绘制与修饰

Photoshop CC 拥有丰富的绘画资源，使用多种填色模式和多样的滤镜功能可以绘制出效果逼真的图像。

1．绘制工具

● 画笔工具

下面介绍 Photoshop 的"画笔工具"，选择工具箱中的"画笔工具"后，其工具属性栏、"新建画笔预设"快捷菜单及画笔面板如图 1-76 所示。

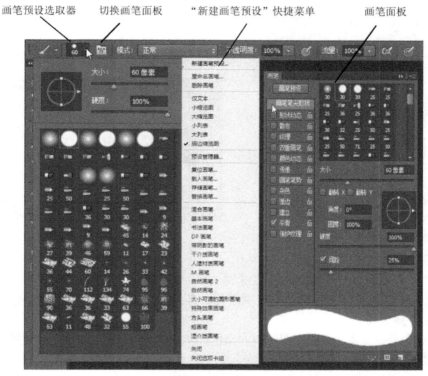

图 1-76　画笔工具

"画笔工具"用于绘制线条或修饰图像，还可以模拟毛笔、水彩笔在图像或选区中进行绘制。选中"画笔工具"后，再指定一种前景色，在图像中移动鼠标直接画即可。

在"画笔工具"属性栏中单击"画笔预设选取器"按钮，用户可以设置画笔的笔尖形状、画笔直径和硬度。其中，"画笔笔尖形状"提供了许多不同形状的画笔笔尖，用户可以根据需要用它创造出不同风格的线条及形状，所以可以根据绘制的实际情况，选择合适的笔尖。画笔大小可用于绘制粗细不同的线条。

在"画笔工具"属性栏中单击"切换画笔调板"按钮，即可打开画笔调板，画笔调板的左侧主要用来设置笔刷属性，右侧用来设置笔刷参数，下方是笔头预览区域。下面介绍如何使用"画笔工具"绘图，具体操作方法如下。

（1）打开素材：项目 1 素材及效果文件\素材\225.jpg。

（2）选择工具箱中的"画笔工具"并设置工具属性栏，在属性栏中设置画笔大小和形状，设置"模式"为"颜色加深"，"不透明度"为"60%"，设置"前景"为"R64、G82、B0"，如图 1-77 所示。

（3）在画笔调板中单击"形状动态"，在调板中设置参数，如图1-78所示。

（4）在画面中涂抹，效果如图1-79所示。

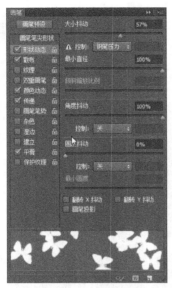

图1-78 设置"形状动态"参数

图1-79 画笔绘制效果

- 铅笔工具

使用"铅笔工具"可以绘制出硬边缘的效果，特别是绘制斜线，锯齿效果会非常明显，并且所有定义的外形光滑的笔刷也会被锯齿化。其具体使用方法与"画笔工具"相似。

- 颜色替换工具

使用"颜色替换工具"可以将图像中的颜色改变成用户所需要的颜色，具体操作步骤如下。

（1）打开素材图像。

（2）使用"魔棒工具"绘制选区，如图1-80所示，并按"Ctrl+J"组合键将选区复制为新图层。

（3）选择工具箱中的"颜色替换工具"在选区上进行涂抹即可。在属性栏中设置画笔大小，设置"模式"为"颜色"，设置"取样"为"连续"，设置"容差"为"30%"，设置"前景"为"R19、G29、B232"，"颜色替换工具"效果如图1-81所示。

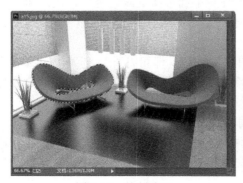

图1-80 绘制选区

图1-81 使用"颜色替换工具"效果

- 混合器画笔工具

"混合器画笔工具"可让不懂绘画的人轻松画出漂亮的画面。如果是美术专业的朋友使用它,更是如虎添翼。"混合器画笔工具"属性栏如图 1-82 所示。"混合器画笔工具"效果如图 1-83 所示。

图 1-82 "混合器画笔工具"属性栏

原始图片

使用"混合器画笔工具"后的图片

图 1-83 "混合器画笔工具"效果

"混合器画笔工具"属性栏中新增按钮功能如下。

- 当前画笔载入:可重新载入或清除画笔,也可在这里设置一个颜色,使其与用户涂抹的颜色进行混合。
- 每次描边后载入画笔和每次描边后清理画笔:控制了每一笔涂抹结束后对画笔是否更新和清理。类似于画家在绘画时一笔过后是否将画笔在水中清洗。
- 潮湿:设置从画布拾取的油彩量。
- 载入:设置画笔上的油彩量。
- 混合:设置颜色混合的比例。
- 流量:这是画笔常见的设置,可设置描边的流动速率。
- 喷枪模式:当画笔在一个固定的位置一直描绘时,画笔会像喷枪一样直喷。如果不启用该模式,则画笔只描绘一下就停止喷射。
- 对所有图层取样:无论该文件有多少图层,将它们作为一个单独的合并的图层看待。
- 绘图板压力:当用户选择普通画笔时,它可被选择。此时用户可用绘图板来控制画笔的压力。

2. 历史画笔工具

下面介绍历史画笔的基本操作,主要包括"历史记录画笔工具"和"历史记录艺术画笔工具"两种。

- 历史记录画笔工具

使用"历史记录画笔工具"可以结合历史记录对图像的处理状态进行局部恢复,其具体操作步骤如下。

(1)打开素材图像。

(2)执行"图像|调整|黑白"命令,将图像调整为黑白颜色。

（3）执行"窗口｜历史记录"命令，在弹出的历史记录调板中单击"黑白"，以设置历史记录的源图像所在的位置，将其作为历史记录画笔的源图像，如图1-84所示。

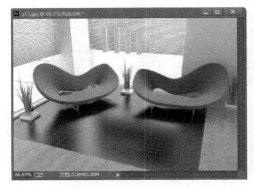
原始图片

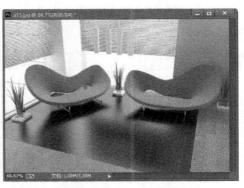
使用"历史画笔工具"后的图片

历史记录

图1-84 "历史画笔工具"效果

- 历史记录艺术画笔工具

"历史记录艺术画笔"使用指定的历史记录状态或快照中的源数据，以风格化描边进行绘画，其具体操作步骤如下。

（1）打开素材图像。

（2）单击图层调板下的"创建新图层"按钮，新建"图层1"图层。

（3）设置前景色为灰色，按下"Alt+Delete"组合键对图层1填充前景色。

（4）选择"历史记录艺术画笔"工具，并在弹出的历史记录调板中的"打开"步骤前面单击，指定图像被恢复的位置，如图1-85所示。

（5）将鼠标移到画布中单击，并拖动鼠标进行图像的恢复，创建类似粉笔画的效果。

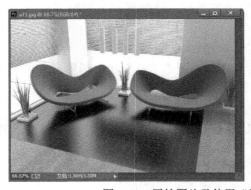

图1-85 原始图片及使用"历史记录艺术画笔"后的图片

3. 图章工具

"图章工具"包括"仿制图章工具"和"图案图章工具"两种。它们的基本功能都是复制图像，但复制的方式不同。

- 仿制图章工具

"仿制图章工具"将图像的一部分绘制到同一图像的另一部分或绘制到具有相同颜色模式的任何打开的文档的另一部分，也可以将一个图层的一部分绘制到另一个图层。"仿制图章工具"对于复制对象或移去图像中的缺陷很有用。"仿制图章工具"属性栏如图 1-86 所示。

图 1-86　"仿制图章工具"属性栏

> 对齐：连续对像素进行取样，即使释放鼠标，也不丢失当前取样点。如果取消选择"对齐"，则会在每次停止并重新开始绘制时使用初始取样点中的样本像素。
> 样本：从指定的图层中进行数据取样。要从现用图层及其下方的可见图层中取样，请选择"当前和下方图层"；要仅从现用图层取样，请选择"当前图层"；要从所有可见图层中取样，请选择"所有图层"；要从调整图层以外的所有可见图层中取样，请选择"所有图层"，然后单击"样本"下拉列表框右侧的"忽略调整图层"图标。

可通过将指针放置在任意打开的图像中，然后按住"Alt"键并单击来设置取样点。
"仿制图章工具"的具体操作步骤如下。

（1）打开素材图像。

（2）单击工具箱中的"仿制图章工具"并适当设置其工具属性栏。

（3）按住"Alt"键的同时，单击鼠标左键，确定复制的参考点，然后拖动鼠标，效果如图 1-87 所示。

图 1-87　原始图片及使用"仿制图章工具"后的图片

- 图案图章工具

"图案图章工具"可以使用图案进行绘画。用户可以从图案库中选择图案或者自己创建图案。"图案图章工具"属性栏如图 1-88 所示。

图 1-88　"图案图章工具"属性栏

"图案图章工具"的具体操作步骤如下。

（1）打开素材图像。

(2）单击工具箱中的"图案图章工具"。
(3）设置"模式"为"实色混合"，选择所需的图案类型并勾选"印象派效果"复选框。
(4）在图像中单击添加图案，效果如图 1-89 所示。

图 1-89　原始图片及使用"图案图章工具"后的图片

4．修复工具

"修复工具"可用于校正图像的瑕疵，用户可以通过自动调整项目让图像看起来更自然。

- 修复画笔工具

"修复画笔工具"可用于校正瑕疵，使它们消失在图像中。与"仿制图章工具"一样，使用"修复画笔工具"可以利用图像或图案中的样本像素来绘画。但是，"修复画笔工具"还可将样本像素的纹理、光照、透明度和阴影与所修复的像素进行匹配，从而使修复后的像素不留痕迹地融入图像的其余部分，"修复画笔工具"属性栏如图 1-90 所示。

图 1-90　"修复画笔工具"属性栏

"修复画笔工具"的具体操作步骤如下。

(1）打开素材图像。
(2）单击工具箱中的"修复画笔工具"。
(3）按住"Alt"键，同时单击鼠标左键吸取样本点，单击苹果图案将人物嘴形去除，效果如图 1-91 所示。

图 1-91　原始图片及使用"修复画笔工具"后的图片

- 污点修复画笔工具

"污点修复画笔工具"可以快速移去图像中的污点和其他不理想部分。"污点修复画笔工具"的使用方法与"修复画笔工具"类似,它使用图像或图案中的样本像素进行绘画,并将样本像素的纹理、光照、透明度和阴影与所修复的像素相匹配。与"修复画笔工具"不同,"污点修复画笔工具"不要求指定样本点,"污点修复画笔工具"将自动从所修复区域的周围取样,"污点修复画笔工具"属性栏如图 1-92 所示。

图 1-92 "污点修复画笔工具"属性栏

"污点修复画笔工具"的具体操作步骤如下。
(1)打开素材图像。
(2)单击工具箱中的"污点修复画笔工具",在需要修复的地方进行涂抹即可,效果如图 1-93 所示。

图 1-93 原始图片及使用"污点修复画笔工具"后的图片

- 修补工具

通过使用"修补工具",用户可以用其他区域或图案中的像素来修复选中的区域。与"修复画笔工具"一样,"修补工具"会将样本像素的纹理、光照和阴影与源像素进行匹配,还可以使用"修补工具"来仿制图像的隔离区域。"修补工具"属性栏如图 1-94 所示。

图 1-94 "修补工具"属性栏

"修补工具"的具体操作步骤如下。
(1)打开素材图像。
(2)单击工具箱中的"修补工具",在"修补工具"属性栏中选择"从选区中减去",沿着如图 1-95(左图)所示边缘创建选区,并将选区向上拖动,松开鼠标即可,效果如图 1-95(右图)所示。

- 红眼工具

"红眼工具"可移去用闪光灯拍摄的人像或动物照片中的红眼,也可以移去用闪光灯拍摄的动物照片中的白色或绿色反光。"红眼工具"属性栏如图 1-96 所示。

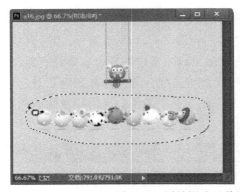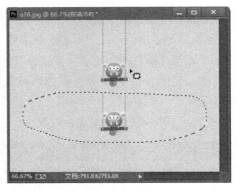

图 1-95　原始图片及使用"修补工具"后的图片

图 1-96　"红眼工具"属性栏

"红眼工具"的具体操作步骤如下。

（1）打开素材图像。

（2）单击工具箱中的"红眼工具"，在小狗的双眼处单击，松开鼠标即可，效果如图 1-97 所示。

图 1-97　原始图片及使用"红眼工具"后的图片

5．修饰工具

"修饰工具"主要是对图像的细节进行修饰，进行像素之间的对比，以使主题更加鲜明。

- 模糊工具

"模糊工具"可柔化硬边缘或减少图像中的细节。使用此工具在某个区域上方绘制的次数越多，该区域就越模糊。"模糊工具"属性栏如图 1-98 所示。

图 1-98　"模糊工具"属性栏

- 锐化工具

"锐化工具"用于增加图像边缘的对比度来增强图像外观上的锐化程度。使用此工具在某个区域上方绘制的次数越多，图像增强的锐化效果就越明显。"锐化工具"属性栏如图 1-99 所示。

图 1-99　"锐化工具"属性栏

● 涂抹工具

"涂抹工具"模拟将手指拖过油漆时所看到的效果,该工具可拾取描边开始位置的颜色,并沿拖动的方向展开这种颜色。"涂抹工具"属性栏如图 1-100 所示。

图 1-100 "涂抹工具"属性栏

以上 3 种工具的效果图,如图 1-101 所示。

原始图片　　　　　　模糊效果　　　　　　锐化效果　　　　　　涂抹效果

图 1-101　原始图片及使用"模糊工具、锐化工具及涂抹工具"后的图片

6. 色彩调节工具

"减淡工具"和"加深工具"相当于摄影师调节光度,而"海绵工具"可以精确地更改区域的色彩饱和度。

● "减淡工具"和"加深工具"

"减淡工具"和"加深工具"基于调节照片特定区域的曝光度的传统摄影技术,可用于使图像区域变亮或变暗。摄影师可遮挡光线以使照片中的某些区域变亮(减淡),或增加曝光度以使照片中的某些区域变暗(加深)。用"减淡工具"或"加深工具"在某个区域上方绘制的次数越多,该区域就会变得越亮或越暗。

● 海绵工具

"海绵工具"可精确地更改区域的色彩饱和度。当图像处于灰度模式时,该工具通过使灰阶远离或靠近中间灰色来增加或降低对比度。

1.4.3.3　图像擦除

在绘制图像时,有些多余的部分可以通过擦除工具将其擦除。使用擦除工具还可以操作一些图像的选择和拼合。

1. 橡皮擦工具

"橡皮擦工具"可将像素更改为背景色或透明。如果正在背景中或已锁定透明度的图层中进行操作,像素将更改为背景色,如图 1-102 所示;否则,像素将被涂抹成透明,如图 1-103 所示。

图 1-102　在背景上擦除效果

图 1-103　在普通图层上擦除效果

2．背景橡皮擦工具

"背景橡皮擦工具"可在拖动时将图层上的像素涂抹成透明，如图 1-104 所示。选中工具属性栏中的"保护前景色" ✓ 保护前景色 按钮，可以在抹除背景的同时，在前景中保留对象的边缘，如图 1-105 所示。通过指定不同的"取样"和"容差"选项，用户可以控制透明度的范围和边界的锐化程度。

图 1-104　未选中"保护前景色"擦除效果　　图 1-105　选中"保护前景色"擦除效果

3．魔术橡皮擦工具

用"魔术橡皮擦工具"在图层中单击时，该工具会将所有相似的像素更改为透明。如果在已锁定透明度的图层中进行操作，这些像素将更改为背景色。如果在背景中单击，则将背景转换为图层并将所有相似的像素更改为透明，如图 1-106 所示。

项目 1　封面制作

图 1-106　"魔术橡皮擦工具"擦除效果

1.4.3.4　图像填充

用户可以使用颜色或图案填充选区、路径或图层内部，此操作称为填充。用户可以使用简单的方法直接填充颜色，也可以根据需要制作渐变的效果，使画面更为丰富多彩。

1．渐变工具

"渐变工具"可以创建多种颜色间的逐渐混合。可以从预设渐变填充中选取或创建自己的渐变。"渐变工具"属性栏如图 1-107 所示。

图 1-107　"渐变工具"属性栏

- 渐变编辑器

单击 按钮可以打开"渐变编辑器"对话框，通过修改现有渐变的副本来定义新渐变。还可以向渐变添加中间色，在两种以上的颜色间创建混合效果，如图 1-108 所示。

图 1-108　"渐变编辑器"对话框

- 渐变类型的选择

设置好渐变后，需要通过工具选项栏选择渐变类型。

➢ 线性渐变：以直线从起点渐变到终点。

> 径向渐变：以圆形图案从起点渐变到终点。
> 角度渐变：围绕起点以逆时针扫描方式渐变。
> 对称渐变：使用均衡的线性渐变在起点的任一侧渐变。
> 菱形渐变：以菱形方式从起点向外渐变，终点定义菱形的一个角。

2．油漆桶工具

"油漆桶工具"可以在图像中填充前景色或图案。如果创建了选区，填充的区域为所选区域；如果没有创建选区，则填充与鼠标单击相近的区域。使用"油漆桶工具"的填充效果如图1-109所示。

图 1-109　原始图片及使用"油漆桶工具"后的图片

1.5　项目小结

本项目主要通过大学生求职封面设计及美味食物封面设计，使读者更好地掌握装帧设计的知识，熟悉 Photoshop CC 的工作界面，灵活地运用"选择工具""油漆桶工具""渐变工具"等完成作品创作。通过本项目设计，激发读者的学习兴趣，掌握 Photoshop CC 的操作技巧，为今后的学习打下坚实的基础。

1.6　项目训练一

学生根据就业需求，创作完成自己的求职封面，设计要求如下。
① 根据就业招聘需要，自主搜集相关素材。
② 要求色彩、色调能够具有较强的视觉冲击力。
③ 能够根据招聘岗位充分展示自己的特长，吸引用人单位。
④ 熟练使用 Photoshop CC 相关工具，掌握其操作的技巧和重要环节，完成创作。

项目 2

海报制作

海报是以图形、文字、色彩等诸多视觉元素为表现手段,迅速直观地传递政策、商业、文化等各类信息的一种视觉传媒。海报是"瞬间"的速看广告和街头艺术,所应用的范围主要是户外的公共场所,这一性质决定了海报必须要有大尺寸的画面,用通俗易懂的图形和文字、鲜明的视觉形象、引人注目的文案来吸引人们的关注,从而达到传递信息的目的,使观看到的人们能够迅速准确地理解意图。除了画面尺寸大和强烈的视觉冲击力,现代海报还必须与时俱进,符合现代人的审美心理,贴近现代人的生活,具有独特的创意和较高的艺术性。

重点提示:

海报设计与制作
图像色彩色调处理
文字的应用

2.1 任务 1 城市宣传海报制作

2.1.1 主题说明

海报(招贴)具有强劲的号召力和艺术感染力,它运用形象、色彩、构图、形式感等因素形成强烈的视觉冲击。海报具有较强的视觉中心,力求新颖,还必须具有独特的艺术风格和设计特点。一个城市的形象除了硬件建设,应更加注重城市地方文化宣传,海报就是城市建设和地方文化宣传的有效途径,同时,也是地方文化的风景线。因此,海报艺术在城市现代建设中的宣传意义是非同一般的。

2.1.2 项目实施操作

(1)执行"文件丨新建"命令,新建背景文件(宽×高:860 像素×1200 像素,分辨率:300 像素/英寸,模式:RGB),弹出如图 2-1 所示的对话框。

(2)使用"渐变工具",打开"渐变编辑器"对话框,设置橙色(R176、G125、B7)到黑色(R0、G0、B0)的渐变。选择"渐变工具"属性栏中的"径向渐变",然后在图像中下方位置单击并垂直向上拖曳,如图 2-2 所示。

(3)打开素材:项目 2 素材及效果文件\素材\1.jpg,使用"钢笔工具"选取建筑物,按下"Ctrl+Enter"组合键生成选区。使用"移动工具"将选区图像拖曳到新建文件中并调整大小,如图 2-3 所示。

图 2-1　"新建"对话框

图 2-2　径向填充效果

图 2-3　合成图像

（4）新建"图层 2"并调整到"图层 1"的下方，然后为选区填充黑色，如图 2-4 所示。

图 2-4　选区填充黑色效果

(5)载入"图层 1"图像为选区,选择"图层 1",单击图层调板下方的"创建新的填充和调整图层"按钮,选择"色阶"命令,如图 2-5 所示,设置色阶后,图像被增加了暗色调。

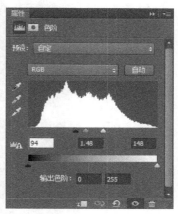

图 2-5 执行"色阶"命令效果

(6)再次载入"图层 1"图像为选区,单击图层调板下方的"创建新的填充和调整图层"按钮,选择"色相/饱和度"命令,勾选"着色"复选框,可以看到选区内建筑物被改为橙色调,如图 2-6 所示。

图 2-6 执行"色相/饱和度"命令效果

(7)单击"图层"调板底部的"创建新图层"按钮新建图层,使用"矩形选框工具"绘制一条矩形选区,填充黄色(R179、G144、B27),取消选区,按下"Ctrl+T"组合键对图像进行旋转变换,如图 2-7 所示。

图 2-7　创建黄色矩形条

(8)为黄色矩形条添加图层蒙版,使用"黑白色"渐变工具,在矩形条上拖曳,遮盖部分选区。编辑蒙版后,设置图层"混合模式"为"滤色",然后移动到"图层 1"下方,并适当调整位置,如图 2-8 所示。

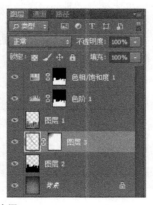

图 2-8　添加图层蒙版效果

（9）按住"Alt"键复制 3 个黄色矩形条，并移动到适当位置，如图 2-9 所示。

图 2-9　复制 3 个黄色矩形条效果

（10）选择工具箱中的"横排文字工具"，设置"文字颜色"为"褐色（R246、G198、B8）"，"字体"为"Berlin Sans"，"字号"为"30 点"，输入"LOVECITY"文字，如图 2-10 所示。

图 2-10　输入文字

（11）执行"类型 | 转换为形状"命令（注意不能用粗体），或右击从快捷菜单中选择"转换为形状"命令，使用工具箱中的"直接选择工具"，在 L 上方选中两个锚点垂直向上拖曳，拉长路径，图层"混合模式"设置为"滤色"，如图 2-11 所示。

图 2-11 对文字进行拉长效果

（12）在文字图层单击鼠标右键，从快捷菜单中选择"栅格化文字"命令，按下"Ctrl+T"组合键，对文字进行放大和移动，并进行两次复制，调整这 3 个文字图层的"不透明度"为"60%"，如图 2-12 所示。

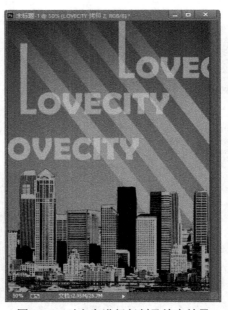

图 2-12 对文字进行复制及放大效果

（13）选择工具箱中的"横排文字工具"，设置"文字颜色"为"褐色（R127、G95、B15）"，"字体"为"Berlin Sans"，"字号"为"30 点"，输入字母"D"，图层"混合模式"设置为"滤色"，"不透明度"设置为"80%"，并按下"Ctrl+T"组合键，对文字进行适当旋转与缩放，如图 2-13 所示。

项目 2　海报制作

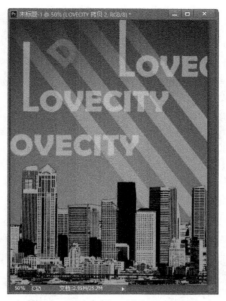

图 2-13　对字母 D 进行旋转效果

（14）打开素材：项目 2 素材及效果文件\素材\2.jpg 花纹图案，将 1 个花纹图案移到字母"D"下方，将 4 个花纹图案移到图片下方建筑物上，并对左侧的两个花纹图案执行"编辑 | 变换 | 水平翻转"命令，以使左右两个花纹图案对称，将所有花纹图层合并，按住"Ctrl"键单击图层缩略图，对花纹图层选区"填充颜色"为"深褐色（R72、G50、B15）"，效果如图 2-14 所示。

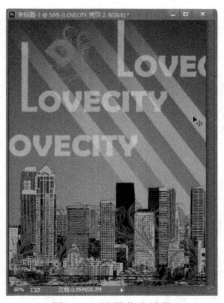

图 2-14　设置花纹效果

（15）选择工具箱中的"横排文字工具"，设置"文字颜色"为"黄色（R20、G20、B53）"，"字体"为"Arial"，"字号"为"60 点"，输入"I LOVE"文字，如图 2-15 所示。选择文字图层单击鼠标右键，在弹出的快捷菜单中选择"栅格化文字"命令。执行"编辑 | 描边"命令进行文字描边，文字描边设置"颜色"为"褐色（R106、G75、B5）"，图层"模式"设置为"正片叠底"，效果如图 2-16 所示。

图 2-15　输入"I LOVE"文字　　　　　　　图 2-16　描边效果

（16）选择工具箱中的"横排文字工具","颜色"设置为"黄色（R254、G226、B51）",输入"LOVECITY"文字,如图 2-17 所示。选择文字图层,单击鼠标右键,从快捷菜单中选择"转换为形状"命令,使用"直接选择工具"对文字进行变形,单击鼠标右键,从快捷菜单中选择"栅格化图层"命令,效果如图 2-18 所示。

图 2-17　输入"LOVECITY"文字　　　　　　图 2-18　文字变形

（17）新建一个图层,选择工具箱中的"直线工具","选择工具模式"设置为"像素","粗细"设置为"12 像素",在左侧绘制直线,如图 2-19 所示。新建图层,使用工具箱中的"矩形工具"绘制两个小矩形,将两个小矩形图层合并,并向下垂直复制 3 个图层,使用鼠标将绘制的所有小矩形移动到合适的位置,效果如图 2-20 所示。

图 2-19　绘制直线

图 2-20　绘制小矩形

（18）使用工具箱中的"文字工具"，继续输入其他文字及数字，如图 2-21 所示。

（19）使用工具箱中的"自定义形状工具"绘制音乐符号，并根据作者的需要适当添加其他自定义形状即可，如图 2-22 所示。

图 2-21　输入其他文字及数字

图 2-22　绘制音乐符号

2.1.3　总结与点评

城市宣传海报必须鲜明地表达海报的主题和思想内涵，即传递的理念必须集中、简洁而明确，给人以清晰准确的概念。从新颖而独特的视角切入主题，充分拓展人们的想象思维，从宏观的角度、社会价值的角度、个人观念的角度去挖掘新创意。有深度思考力的城市宣传海报其实来源于设计师对平凡生活的细心观察,思考着生活带来的哲理,与观者在情感上引起共鸣,用不同的表现手法揭示城市宣传海报所蕴含的深刻哲理,从而给人们以更多的启示。

2.2 任务2 汽车海报制作

2.2.1 主题说明

汽车海报设计以汽车为主角进行整体构图,汽车海报要具有号召力和艺术感染力,要运用形象、色彩、构图、形式感等因素形成强烈的视觉效果。汽车海报设计应力求新颖,还必须具有独特的艺术风格和设计特点。

2.2.2 项目实施操作

(1)执行"文件 | 新建"命令,新建背景文件(宽×高:43 厘米×30 厘米,分辨率:300 像素/英寸,背景:白色,模式:RGB),如图 2-23 所示。

图 2-23 新建背景文件

(2)使用工具箱中的"移动工具",将"项目 2 素材及效果文件\素材\d1.jpg、d6.jpg"拖入文件窗口,并适当调整大小,如图 2-24 所示。

图 2-24 移入图片并调整大小

(3)使用工具箱中的"移动工具",将"项目2素材及效果文件\素材\雪山.jpg"拖入当前窗口,适当调整大小并移到文件左下角。为该图层添加蒙版,设置"前景"为"黑色",适当调整画笔大小,在图像上涂抹,使之衔接更加自然,如图 2-25 所示。

图 2-25 雪山图片效果

(4)打开素材:项目 2 素材及效果文件\素材\车 1.png,将图片拖入窗口中,适当调整大小并移至合适位置,单击"图层"调板底部的"添加图层样式"按钮,从弹出的菜单中选择"投影"命令,打开"图层样式"对话框并设置投影大小,如图 2-26 所示,"图层"调板如图 2-27 所示,整体效果如图 2-28 所示。

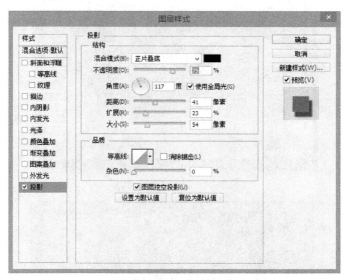

图 2-26 投影参数设置

图 2-27 "图层"调板

图 2-28　车移入效果

（5）打开素材：项目 2 素材及效果文件\素材\鹰.png，将图片拖入窗口中并适当调整大小，为"鹰"图层添加图层蒙版，使用"画笔工具"进行涂抹，效果如图 2-29 所示。复制"鹰"图层，执行"编辑｜变换｜水平翻转"命令，调整图片至合适大小，效果如图 2-30 所示。

图 2-29　移入"鹰"效果

图 2-30　"鹰"图层效果

（6）新建图层并命名为"光影线"，使用工具箱中的"移动工具"，将"项目 2 素材及效果文件\素材\光影线.png"拖入窗口，如图 2-31 所示。

图 2-31 移入"光影线"

（7）使用工具箱中的"移动工具"，将"项目 2 素材及效果文件\素材\立体线条.png"拖入窗口，适当调整大小与角度，并进行"水平翻转"与"垂直翻转"，如图 2-32 所示。将"立体线条"图层的"混合模式"设置为"颜色减淡"，效果如图 2-33 所示。

图 2-32 移入"立体线条"

图 2-33 "立体线条"图层颜色减淡效果

（8）选择工具箱中的"横排文字工具"，输入文字，设置"字号"为"60 点"，设置"文本颜色"为"白色"，设置"字体"为"Berlin Sans"，并为文字添加投影效果，最终效果如图 2-34 所示。

图 2-34　汽车海报最终效果

2.2.3　总结与点评

汽车海报就是为了更好地推销产品，它不仅会影响消费者的购买欲望，也会影响产品及品牌生命周期的长短。用户要充分运用 Photoshop CC 知识，将汽车海报的创新意识表现出来，这是决定汽车海报成功与否的最根本要素。

2.3　任务 3　海报制作相关知识

2.3.1　什么是海报

海报（poster）是一种信息传递的艺术载体，也是一种大众化的宣传工具。海报又称为招贴画，是一种张贴在公共场合传递信息，以达到宣传目的的印刷广告形式，其特点是信息传递快、传播途径广、时效长，海报可以连续张贴和大量复制。

2.3.2　海报的特点

1．尺寸大

海报张贴于公共场所，会受到周围环境和各种因素的干扰，所以必须以大画面及突出的形象和色彩展现在人们面前。其画面尺寸有全开、对开、长三开及特大画面（八张全开）等。

2．视觉冲击力强

为了使来去匆忙的人们留下视觉印象，除尺寸大外，海报设计还要充分体现定位设计的原理。以突出的商标、标志、标题、图形、对比强烈的色彩、大面积的空白、简练的视觉流程，使海报成为视觉焦点。

3．艺术性高

海报分为商业海报和非商业海报两大类。其中商业海报的表现形式以具体艺术表现力的摄影、造型写实的绘画或漫画形式为主，给观者留下真实感人的画面和富有幽默情趣的感受。

2.3.3 海报的分类

海报按其应用不同大致可以分为商业海报、文化海报、电影海报、公益海报等。

- 商业海报：宣传商品或商业服务的商业广告性海报。商业海报的设计要恰当地配合产品的格调和受众对象。
- 文化海报：各种社会文化娱乐活动及各类展览的宣传海报。展览的种类很多，不同的展览都有它各自的特点，设计师需要了解展览活动的内容才能运用恰当的方法表现其内容和风格。
- 电影海报：电影海报主要是起到吸引观众注意、刺激电影票房收入的作用，与戏剧海报、文化海报等有几分类似。
- 公益海报：这类海报具有对公众教育的意义，其海报主题包括各种社会公益、道德宣传和政治思想宣传，弘扬爱心奉献、共同进步的精神等。

2.3.4 海报设计的元素

海报源于早期人们对于消息或产品的宣传，随着社会的发展，科技的进步，宣传手法也从简单的文字图像到形象生动的电视广告，海报的宣传力量是不容忽视的。下面简单介绍海报设计的基本构成元素。

- 图案：图案是海报设计的主要构成元素，图案能够形象地表现广告主题和广告创意，图案是主要吸引观者目光的重点，它可以是黑白画、喷绘插画、手绘素描、摄影作品等。表现技法有写实、超现实、卡通漫画、装饰等。在设计上需要紧紧围绕广告主题，凸显商品信息，以达到宣传的效果。
- 文字：文字在海报设计中占有举足轻重的地位，是理性与感性兼具的设计创作，必须将各种信息进行视觉性的统一，设计师除了将海报的各项元素具体化，还必须进行有效的布局来传达信息。
- 色彩：图案和文字都脱离不了色彩的表现，色彩由色相、明度、纯度元素组合而成，在广告中，色彩要表现出广告的主题和创意，必须先分析色彩因素，把握色彩冷暖对比、明暗对比、纯度对比、面积对比、混色调和、面积调和、明度调和、色相调和、倾向调和等。

2.3.5 海报的设计与制作

1．海报制作的原则

海报在广告中扮演了重要的角色，美国海报设计师提出的海报制作原则如下所述。

- 简洁：形象和色彩必须简单明了（也就是简洁性）。
- 统一：海报的造型与色彩必须和谐，要具有统一的协调效果。
- 均衡：整个海报画面要具有魄力感与均衡效果。

- 销售重点：海报的构成元素必须化繁为简，尽量挑选重点来表现。
- 惊奇：海报无论在形式上或内容上都要出奇创新，具有强大的惊奇效果。
- 技能：海报设计需要有高水准的表现技巧，无论绘制或印刷都不可忽视技能性的表现。

2．海报设计的常用方法

- 直接展示法

直接展示法是一种运用十分广泛的表现手法，它将某产品或主题直接地展示在广告版面上，充分运用摄影或绘画等技巧的写实表现能力。着力渲染产品的质感、形态和功能用途，将产品精美的质地引人入胜地呈现出来，给人以逼真的现实感，使消费者对所宣传的产品产生一种亲切感和信任感。

这种手法由于直接将产品推向消费者面前，所以要十分注重画面上产品的组合和展示角度，应着力突出产品的品牌和产品本身最容易打动人心的部位，运用色光和背景进行烘托，使产品置身于一个具有感染力的空间，这样才能增强广告画面的视觉冲击力。

- 突出特征法

运用各种方式抓住和强调产品或主题本身与众不同的特征，并把它鲜明地表现出来，将这些特征置于广告画面的主要视觉部位并加以烘托处理，使消费者在看到广告的瞬间很快对其产生注意和发生视觉兴趣，达到刺激购买欲望的促销目的。

在广告表现中，突出特征法应着力加以突出和渲染产品的特征，一般由厂商的企业标志和产品的商标等元素来决定。突出特征法是设计师常用的表现手法，是突出广告主题的重要手法之一，有着不可忽略的表现价值。

- 对比衬托法

对比是一种趋向于对立冲突的艺术表现手法。它把作品中所描绘事物的性质和特点放在鲜明的对照和直接对比中来表现，借彼显此，互比互衬，从对比所呈现的差别中，达到集中、简洁、曲折变化的表现。通过这种手法更鲜明地强调或提示产品的性能和特点，带给消费者深刻的视觉感受。

运用对比手法，不仅使广告主题加强了表现力度，而且使广告主题饱含情趣，扩大了广告作品的感染力。运用对比手法能使平凡的画面隐含着丰富的意味，展示了广告主题表现的不同层次和深度。

- 合理夸张法

借助想象，对广告作品中所宣传对象的品质或特性的某个方面进行过分夸大，以加深或扩大宣传对象特征的认识。文学家高尔基指出："夸张是创作的基本原则"。通过这种手法能够更鲜明地强调或揭示事物的实质，加强作品的艺术效果。

夸张是在一般中求新奇变化，通过虚构把对象的特点和个性中美的方面进行夸大，赋予人们一种新奇与变化的情趣。按其表现的特征，夸张可以分为形态夸张和神情夸张两种类型，前者为表象性的表现形式，后者则为含蓄性的情态表现形式。通过运用夸张手法，为广告的艺术美注入了浓郁的感情色彩，使产品的特征鲜明、突出、动人。

2.3.6　海报设计赏析

- 《北京2008主题招贴》设计赏析，如图2-35所示。

项目 2　海报制作

图 2-35　《北京 2008 主题招贴》设计

奥运五环和中国传统女性的发型巧妙地结合起来，充满了激情与活力，升华了奥运精神。承载着凝重的中华文化传统和激越的奥林匹克精神，彰显着先进的审美观念和昂扬的时代激情，从文化与审美的角度，品味她的美，挖掘她的深厚内涵。

- 《食品招贴》设计赏析，如图 2-36 所示。

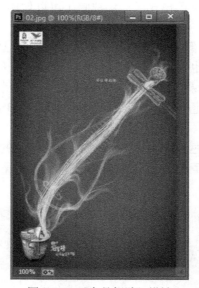

图 2-36　《食品招贴》设计

这幅《食品招贴》设计，从色彩上看偏向于暖色，整个背景采用大片的红色，色感强烈给人一种奔放、外向、热情、躁动的情绪，适时添加少量的明黄色，使整个画面看上去热情、温暖，具有很强的表现力。

从整体版式上看，以图片为主，添加适量的产品 Logo，有效地突出主题，直接地引起人们的共鸣。整个画面充满活力、激情，容易带动消费者的购买欲望，从而刺激商品的流动输出，达到一定的商业目的，即"广而告之"。

2.4　Photoshop CC 相关知识

2.4.1　图像色彩调整

2.4.1.1　图像颜色模式

在使用 Photoshop CC 工作之前，了解图形图像颜色模式的相关知识是非常必要的，尤其是初学者，了解并掌握这些知识有助于以后的学习。人们见到的各种不同颜色是物体反射的光线经过空气折射而产生的。通常颜色可以分成两大类：一类是非彩色，即黑、白、灰；另一类是彩色，即除非彩色外的所有颜色。根据视觉心理原理，人们又把彩色分为暖色调、冷色调、中性色调 3 个色调。

在 Photoshop CC 中，可以为每个文档选取一种颜色模式。颜色模式决定了用来显示和打印所处理图像的颜色方法。通过选择某种特定的颜色模式，就选用了某种特定的颜色模型（一种描述颜色的数值方法）。Photoshop CC 的颜色模式基于颜色模型，而颜色模型对于印刷中使用的图像非常有用，可以从以下模式中选取：RGB（红色、绿色、蓝色）颜色模式、CMYK（青色、洋红、黄色、黑色）颜色模式、灰度颜色模式、位图颜色模式、索引颜色模式。Photoshop CC 还包括用于特殊色彩输出的颜色模式，如索引颜色模式。颜色模式决定了图像中的颜色数量、通道数和文件大小。选取颜色模式操作还决定了可以使用哪些工具和文件格式。

1．RGB 颜色模式

RGB 颜色模式使用较为广泛，该模式是一种加色模式，它通过将红、绿、蓝 3 种颜色相叠加而形成更多的颜色，所以也称为加色模式。Photoshop CC 的 RGB 颜色模式具有 3 个独立的颜色通道，RGB 模式的图像及其通道如图 2-37 所示，每一个通道都有 256（0～225）种颜色的亮度。例如，亮红色的 R 值可能为 246，G 值为 20，而 B 值为 50。当 R 值、G 值、B 值相等时是灰色；当 R 值、G 值、B 值分别为 255 时是纯白色；当 R 值、G 值、B 值分别为 0 时是黑色。图像每一部分的颜色都是由 RGB 3 个颜色通道上的数值决定的。在编辑图像时，RGB 颜色模式是最佳选择，它可以提供全屏幕高达 24 位的色彩范围，一些计算机领域的色彩专业称为真彩显示。

图 2-37　RGB 颜色模式的图像及其通道

2．CMYK 颜色模式

CMYK 颜色模式下的图像是由青色、洋红、黄色、黑色 4 种颜色构成的，人们要将显示器上看到的颜色输出到纸张上，需要通过打印机或其他的设备。在纸上再现图形颜色最普通的方法是把构成全彩色模式 CMYK 的 4 种基本颜色组合起来，CMYK 颜色模式主要用于彩色印刷。在 Photoshop CC 中，C（青色）、M（洋红）、Y（黄色）、K（黑色）4 个通道为每个像素的每种印刷油墨指定一个百分比值。与 RGB 颜色模式相反，CMYK 颜色模式为减色法，最亮（高光）颜色指定的印刷油墨颜色百分比较低，而较暗（暗调）颜色指定的印刷油墨颜色百分比较高。当 C、M、Y、K 的值均为 0 时就会产生纯白色。

在 CMYK 颜色模式的图像中，每像素包含 32 位（8×4）颜色信息，CMYK 颜色模式的图像及其通道如图 2-38 所示。用户在准备要用印刷色打印图像时，应使用 CMYK 颜色模式。将 RGB 颜色模式转换为 CMYK 颜色模式即产生分色。如果由 RGB 颜色模式开始，最好先编辑，然后再转换为 CMYK 颜色模式。

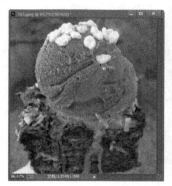

图 2-38　CMYK 颜色模式的图像及其通道

3．灰度颜色模式

在灰度颜色模式中，图像是由 256 级灰度颜色来显示的，灰度图像中的每个颜色像素都有一个 0（黑色）到 255（白色）之间的亮度值。当将彩色模式的图像转换为灰度模式，再将其转换为原来的彩色模式时，图像的颜色信息将丢失。将彩色模式转换为双色调模式或位图模式时，必须先将其转换为灰度模式，然后再由灰度模式转换为双色调模式或位图模式，如图 2-39 所示。

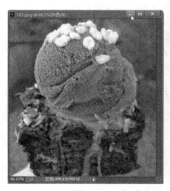

图 2-39　灰度颜色模式的图像及其通道

4．位图颜色模式

在位图颜色模式中，图像由黑色和白色组成，所以它又被称为黑白图像，该模式可以控制灰度图像的打印，通常线条稿采用这种模式。位图颜色模式只有双色调模式和灰度模式，如果要将位图颜色模式转换为其他模式，需要先将其转换为灰度模式。在位图颜色模式中，只有少数的工具可以使用，所有和色调有关的工具都不能使用，所有的滤镜都不能使用，只有一个背景图层和一个被命名的通道可以使用，如图 2-40 所示。

图 2-40　位图颜色模式的图像及其通道

5．索引颜色模式

索引颜色模式可以用 256 种颜色生成 8 位图像文件。当转换为索引颜色模式时，Photoshop CC 将构建一个颜色查找表（CLUT），用以存放并索引图像中的颜色。如果原始图像中的某种颜色没有出现在该表中，则程序将选取最接近的一种颜色来模拟该颜色。由于调色板有限，因此，索引颜色模式可以在保证多媒体演示文稿、Web 网页等彩色视觉品质的同时，减少文件大小。在这种模式下只能进行有限的编辑，如果要进一步编辑，应临时转换为 RGB 颜色模式。

2.4.1.2　快速调整图像色彩

在 Photoshop CC 中，对图像进行颜色填充或绘画时，除了要选择好相关的命令或工具，还需要选择好当前颜色。根据设计和绘图需要还可以设置多种不同的颜色，下面讲解颜色设置的方法。

1．在工具箱中设置前景色和背景色

在工具箱中有一个"颜色控制工具"，用于设置前景色和背景色，切换前景色、背景色和恢复缺少的颜色设置，如图 2-41 所示。

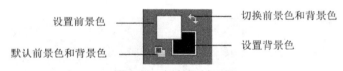

图 2-41　颜色控制工具

单击工具箱的"设置前景色"调板或"设置背景色"调板，都会弹出"拾色器"对话框，可以修改前景色。单击"切换前景色和背景色"调板或按下"X"键可以互换前景色和背景色。单击"默认前景色和背景色"调板或按下"D"键可以将前景色和背景色还原为默认的颜色，即前景色为黑色、背景色为白色。

2．使用"拾色器"设置颜色

单击"设置前景色"或"设置背景色"调板，弹出如图 2-42 所示的"拾色器"对话框，可以在此选取颜色。在"拾色器"对话框左侧的颜色选择区中，可以选择颜色的饱和度，垂直方向表示的是明度变化，水平方向表示的是饱和度变化。要选取颜色，首先在中间的光谱中选取基本的颜色区域，然后在左侧的颜色选择区单击选定的某种颜色，也可以在颜色数值观察和设置区输入适当的数值来设置颜色。选择好颜色后，在对话框的右方颜色框中会显示所选择的颜色，对话框的右方是所选择颜色的 HSB、RGB、CMYK、Lab 值，选择好颜色后，单击"确定"按钮，所选择的颜色将变为工具箱中的前景色或背景色。

Web 安全颜色是指浏览器使用的 216 种颜色，与平台无关。通过使用这些颜色，用于 Web 的图片在设置为以 256 色显示的系统上就不会出现仿色。若选择"拾色器"对话框中的"只有 Web 颜色"选项，所拾取的任何颜色都是 Web 安全颜色。

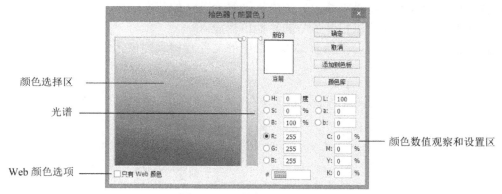

图 2-42 "拾色器"对话框

3．使用"颜色"调板设置颜色

"颜色"调板可以用来设置前景色和背景色。执行"窗口｜颜色"命令，弹出"颜色"调板，如图 2-43 所示。

在"颜色"调板中，可以先单击左侧的"前景色"和"背景色"以确定所调整的是前景色还是背景色；然后拖曳三角滑块选择所需要的颜色，也可以直接在颜色的文本框中输入数值调整颜色。

单击"颜色"调板右上角的 按钮，弹出"颜色"调板下拉菜单，如图 2-44 所示，该菜单用于设置"颜色"调板显示的颜色模式，用户可以在不同的颜色模式中调整颜色，如设置 CMYK 颜色模式，就可以选择"CMYK 滑块"。

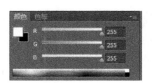

图 2-43 "颜色"调板

图 2-44 "颜色"调板下拉菜单

4．使用"色板"调板设置颜色

在 Photoshop CC 中，"色板"调板方便用户快速选择颜色，"色板"调板中的颜色都是预先设置好的，可以直接从中选取而不用自己设置。"色板"调板可以用来选取一种颜色以改变前景色或背景色。执行"窗口｜色板"命令，弹出"色板"调板，如图 2-45 所示。

单击"色板"调板右上角的 按钮，弹出"色板"调板下拉菜单，如图 2-46 所示，其中部分命令的含义如下。

- 新建色板：该命令用于新建一个色板。

- 小缩览图：该命令可以将色板中的色块以小图标显示。
- 小列表：该命令可以将色板中的色块以小列表显示。
- 预设管理器：该命令可以对颜色进行管理。
- 复位色板：该命令可以将修改后的色板恢复为默认的状态。
- 载入色板：该命令可以将硬盘中的其他色板载入。
- 存储色板：该命令可以将当前"色板"中的文件存储到硬盘。

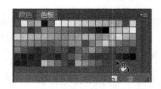

图 2-45　"色板"调板　　　　　　　　　　图 2-46　"色板"调板下拉菜单

在"色板"调板中，如果将鼠标指针移到空白颜色处，鼠标指针会变为油漆桶形状，如图 2-47 所示，此时单击鼠标，将弹出"色板名称"对话框，如图 2-48 所示，单击"确定"按钮，就可以将前景色添加到"色板"调板中，如图 2-49 所示。

图 2-47　鼠标指针变为油漆桶形状　　　　图 2-48　"色板名称"对话框

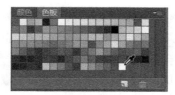

图 2-49 将前景色添加到"色板"调板中

在"色板"调板中,如果将鼠标指针移到颜色处,鼠标指针会变为吸管形状,如图 2-50 所示,此时单击鼠标,将使吸取的颜色作为前景色,如图 2-51 所示。如果要删除指定色块,可按下"Alt"键,光标形状为剪刀状,然后单击要删除的色块方格即可删除。

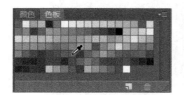

图 2-50 鼠标指针变为吸管形状　　　　图 2-51 吸取的颜色

5．使用"吸管工具组"设置颜色

"吸管工具组"包含了"吸管工具"和"颜色取样器工具",单击"吸管工具组"右下角的小三角形按钮,可以在弹出的列表中选择需要的工具。

- 吸管工具

使用"吸管工具" 可以在图像或"颜色"调板中吸取颜色,并在"信息"调板中观察像素点的颜色信息。"吸管工具"属性栏如图 2-52 所示。

图 2-52 "吸管工具"属性栏

在"吸管工具"属性栏中,"取样大小"选项用于设置取样点大小。其下拉列表包含以下几个选项。

➢ 取样点：该选项用于定义以一个像素点为取样范围。
➢ 3×3 平均：该选项用于定义以 3×3 的像素区域为取样范围,并吸取其颜色平均值。
➢ 5×5 平均：该选项用于定义以 5×5 的像素区域为取样范围,并吸取其颜色平均值。

选择"吸管工具",在图像中需要吸取的颜色上单击,前景色将变为吸管吸取的颜色,用户在"信息"调板中能够观察到吸取颜色的信息,如图 2-53 所示。

图 2-53 吸取颜色的信息

- 颜色取样器工具

使用"颜色取样器工具" 可以在图像中对需要的颜色进行取样，最多可以对 4 个颜色点进行取样，取样的结果将显示在"信息"调板中。选择"颜色取样器工具"，在图像中需要吸取颜色的位置单击 3 次，在"信息"调板中将记录下 3 次取样的颜色信息，如图 2-54 所示。

图 2-54　取样并在"信息"调板中显示取样点的颜色信息

图 2-55　移动取样及显示颜色信息

选择"颜色取样器工具"时，将鼠标指针移至取样点时，鼠标指针会变成移动图标形状，按住鼠标左键不放，拖曳鼠标可以将取样点移动到适当的位置，移动后"信息"调板中的记录将改变，如图 2-55 所示。

2.4.1.3　图像色彩的高级调整

有时候图像中会有一些瑕疵，如太亮、太暗或有颜色偏差，这时就要进行色彩调整。调整图像的色调主要是对图像明暗度进行调整。在 Photoshop CC 中，用户可以使用"调整"菜单下的色阶、曲线、色彩平衡、色相/饱和度等命令，对图像的色调进行调整，下面分别进行介绍。

1. 色阶

"色阶"命令用于调整图像的对比度、饱和度及灰度，而且色阶调整可以通过输入数字，对明度进行精确的设定。执行"图像｜调整｜色阶"命令，或按下"Ctrl+L"组合键，弹出"色阶"对话框，如图 2-56 所示。

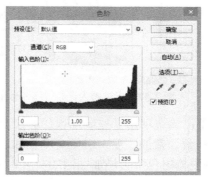

图 2-56　"色阶"对话框

"色阶"对话框的中央是一个直方图，其横坐标的取值范围为 0～255，表示亮度值，纵坐标为图像像素数。在对话框中其他选项的含义如下。

- 通道：可以在该下拉列表中选择不同的通道进行调整。
- 输入色阶：该选项用于控制图像的最暗和最亮色彩。左侧的文本框和黑色三角滑块用于调整黑色，图像中低于该亮度值的所有像素将变为黑色。中间的文本框和灰色滑块用于调整灰度，其数值范围为 0.1～9.99，1.00 为中性灰度，右侧的文本框和右侧的白色三角滑块用于调整白色，图像中高于该亮度值的所有像素将变为白色。图 2-57 所示为调整输入色阶 3 个滑块时图像产生的不同效果。

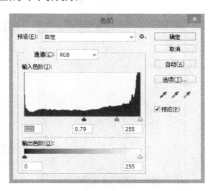

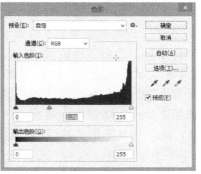

图 2-57　调整输入色阶 3 个滑块时图像产生的不同效果

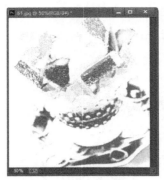 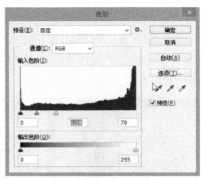

图 2-57　调整输入色阶 3 个滑块时图像产生的不同效果（续）

- 输出色阶：该选项用于控制图像的亮度范围（左侧文本框和左侧黑色三角滑块用于调整图像最暗像素的亮度，右侧文本框和右侧白色三角滑块用于调整图像最亮像素的亮度），调整输出色阶将增加图像的灰度，降低图像的对比度。图 2-58 所示为调整输出色阶两个滑块时图像产生的不同效果。

 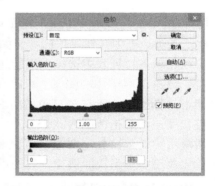

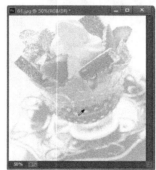 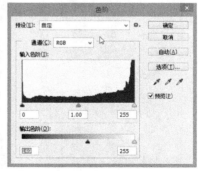

图 2-58　调整输出色阶两个滑块时图像产生的不同效果

- ：这 3 个吸管工具分别是"设置黑场"吸管工具、"设置灰场"吸管工具和"设置白场"吸管工具。选中"设置黑场"吸管工具在图像中单击，单击点的像素会变为黑色，图像中的其他颜色也会相应地调整。选中"设置灰场"吸管工具在图像中单击，单击点的像素会变为灰色，图像中的其他颜色也会相应地调整。选中"设置白场"吸管工具在图像中单击，图像中亮度比单击点高的所有像素都会变为白色。双击任何一个吸管工具，均可在弹出的"拾色器"对话框中设置吸管颜色。

注意　在"色阶"对话框中，按住"Alt"键同时单击"取消"按钮，"取消"按钮将变成"复位"按钮，单击"复位"按钮可以将刚调整过的色阶复位还原，重新进行参数设置。

2. 曲线

"曲线"命令可以通过调整图像色彩曲线上的任意一个像素点来改变图像的色彩范围，也可以帮助用户调整图像的整体色调范围和色彩平衡，它不只是使用高光、中间色调等变量进行调整，而是将图像的色调分成 4 部分，可以让用户在阴影色和中间色之间（3/4）及中间色和高亮度（1/4）之间精确地调整色调。

在"曲线"对话框中，曲线图的水平轴为输入色阶，表示原始图像中像素的色调分布，初始时分成了 4 部分，从左到右依次是暗调（黑）—1/4 色调、1/4 色调—中间色调、中间色调—3/4 色调和 3/4 色调—高光（白）；纵轴为输出色阶，表示新的颜色值，从上到下亮度值逐渐减小。如果打开的曲线是一条过原点的对角线，表示输入色阶和输出色阶的数值相同。

用曲线调整图像色调就是通过调节曲线的形状来改变输入色阶和输出色阶的数值，从而改变图像的色调分布。执行"图像｜调整｜曲线"命令，或按下"Ctrl+M"组合键，弹出"曲线"对话框，如图 2-59 所示。

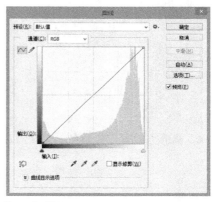

图 2-59 "曲线"对话框

单击要调整的曲线部位，当鼠标变成一个箭头时，"输入"和"输出"的数值会显示在文本框中，在曲线上按住鼠标左键不放可以拖动曲线，放开鼠标就出现一个锁定的点，拖动该点到其他位置，可以调整图像的色彩。也可以使用"铅笔工具"绘制出一条曲线，代替调节曲线的形状。调整好曲线的形状后，单击"确定"按钮。"曲线"对话框中其他按钮的用法与"色阶"对话框相同，如图 2-60 所示为使用"曲线"命令调节图像的示例。

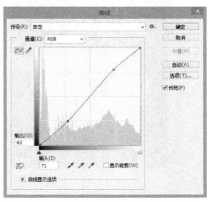

平均色调

图 2-60 使用"曲线"命令调节图像的示例

 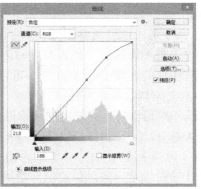

提高图像色调

 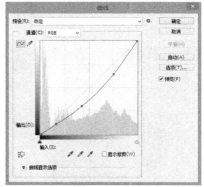

降低图像色调

图 2-60　使用"曲线"命令调节图像的示例（续）

3．色彩平衡

"色彩平衡"命令用于调整图像的色彩平衡度，调整图像或选区中可以增加或减少处于高亮度、中间色和暗色区域中的颜色。而且只能应用于复合颜色通道，在彩色图像中改变颜色的混合，若图像有明显的偏色，可用此命令来调整。执行"图像｜调整｜色彩平衡"命令，或按下"Ctrl+B"组合键，弹出"色彩平衡"对话框，如图 2-61 所示。

 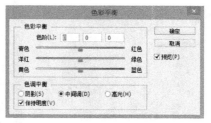

图 2-61　"色彩平衡"对话框

在"色彩平衡"对话框中，"色彩平衡"选项区用于设置图像的阴影、中间调、高光选项。"色彩平衡"选项区用于在图像中添加过渡色来平衡色彩效果，三角滑块分别用于调整，从青色到红色、从洋红到绿色和从黄色到蓝色，拖曳三角滑块可以调整整个图像的色彩，也可以在"色阶"选项的文本框中输入数值调整整个图像的色彩。"保持明度"选项用于保持原始图像的亮度。图 2-62 所示为调整"色彩平衡"后的图像效果。

 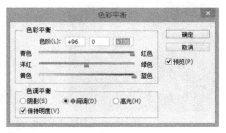

图 2-62　调整"色彩平衡"后的图像效果

4．色相/饱和度

"色相｜饱和度"命令可以调整图像的色相和饱和度，"色相/饱和度"命令不仅可以调整图像中的单个颜色的色相、饱和度和亮度，还可以使用"着色"选项将颜色添加到已经转换为 RGB 的灰度图像，或添加到 RGB 的灰度图像。执行"图像｜调整｜色相/饱和度"命令，或按下"Ctrl+U"组合键，弹出"色相/饱和度"对话框，如图 2-63 所示。

图 2-63　"色相/饱和度"对话框

"色相/饱和度"对话框各选项的含义如下。
- 编辑下拉列表：允许调整的范围，可以选择全图或选择图像中的某一种颜色进行调整。可选颜色为红色、黄色、绿色、青色、蓝色和洋红。
- 在"色相/饱和度"对话框上有 3 个滑块：当打开对话框时，3 个滑块都处在颜色条的中间位置。
- 颜色条：在对话框的底部有两条颜色条，它们以各自的顺序表示色轮中的颜色，第一条显示调整前的颜色，第二条显示所调整时的颜色变化。
- 吸管工具：当选择编辑单色时才可用，选择普通吸管工具是对具体的单色范围进行编辑，选择带"+"的吸管工具可以增加单色范围，而选择带"-"的吸管工具可以减少单色范围。

- 着色：在"色相/饱和度"对话框中，"着色"选项用于在由灰度模式转化而来的色彩模式图像中添加需要的颜色。图 2-64 所示为调整"色相/饱和度"后的图像效果。

图 2-64　调整"色相/饱和度"后的图像效果

5．替换颜色

"替换颜色"命令可以将图像中的颜色进行替换。在图像中基于特定颜色创建一个临时蒙版，用以改变选定像素的色相、饱和度和亮度，然后替换图像中的特定颜色。选择好要调整颜色的区域，执行"图像 | 调整 | 替换颜色"命令，弹出"替换颜色"对话框，如图 2-65 所示。

图 2-65　"替换颜色"对话框

"替换颜色"对话框各选项的含义如下。

- 选区：包含一个颜色容差滑块，在其右端是文本框，可以拖动滑块或输入数值来改变颜色容差的值。向右拖动是增大颜色容差，即扩大所选颜色所在选区；向左拖动是减小颜色容差，即选区减小。
- 在缩览图下方有"选区"和"图像"两个选项，单击"选区"选项将在缩览图上显示蒙版内容，被蒙区域为黑色，未蒙区域为白色，还有一些区域为灰色。选中"图像"选项将在缩览图中显示选区内的图像内容，在处理大图像或屏幕空间有限时，该选项十分有用。无论是选择"选区"还是"图像",当鼠标在缩览图上或在原始图像上都为一个吸管的形状,可以在图像上单击吸取颜色,吸取来的颜色显示在"变换区域"中的颜色预览框中。

- 替换区域:在此区域通过拖动色相、饱和度和明度滑块或在右边的文本框输入数值来改变选取的颜色。使用"替换颜色"对话框中的"吸管工具"在图像中进行取样,然后调整图像的色相、饱和度和明度,取样的颜色将被替换成新的颜色。图 2-66 所示为调整"替换颜色"后的图像效果。

图 2-66 调整"替换颜色"后的图像效果

6. 可选颜色

"可选颜色"命令可以将图像中的颜色替换成选择后的颜色,它的作用是选择某种颜色范围进行针对性的修改,在不影响其他原色的情况下修改图像中的某种色彩数量,可以用来校正色彩不平衡问题和调整颜色。可选颜色是应用于高档扫描仪和分色程序的一项技术,它基于组成图像的加色法来增加或减少颜色的数量,而不改变其他颜色。例如,用户可以减少蓝色区域中的黄色,而红色区域中黄色保持不变。选择好要调整颜色的区域,执行"图像|调整|可选颜色"命令,弹出"可选颜色"对话框,如图 2-67 所示。

图 2-67 "可选颜色"对话框

"可选颜色"对话框各选项的含义如下。

- 颜色:在"颜色"列表框中选择要进行调整的主色调,这组颜色由加色法原色、减色法原色、白色、中性色和黑色组成。

- CMYK 滑块：分别为青色、洋红、黄色和黑色，可以通过拖动滑块或在右边文本框中输入值来改变各颜色的值，以达到调整主色调的作用。滑块向左移动是减少颜色值，滑块向右移动是增加颜色值，文本框的取值范围为-100～100。
- "相对"与"绝对"："相对"是增加或减少每种颜色的相对改变量，如为一个起始值为"50%"洋红色的像素增加"10%"，那么像素的洋红色值变为"60%"。"绝对"是增加或减少每种颜色的绝对改变量，如为一个起始值为"50%"洋红色的像素增加"10%"，那么像素的洋红色值变为"60%"。图2-68所示为调整"可选颜色"后的图像效果。

图 2-68 调整"可选颜色"后的图像效果

7．"直方图"调板

在 Photoshop CC 中，用户可以通过"直方图"调板了解图像中亮部和暗部的分布情况，也可以查看图像某个区域色调的分布情况，如图 2-69 所示。当调整图像时，直方图会动态地更新。

"直方图"调板提供了许多选项，用来查看有关图像的色调和颜色信息。在默认情况下，"直方图"调板显示了整个图像的色调范围。若要显示图像某一部分的直方图数据，可以先选择该部分。在"直方图"调板中可以监视图像的更改，但不能以任何方式改变或编辑图像。

在默认情况下，"直方图"调板和"信息"调板组合在一起。执行"窗口｜直方图"命令，打开"直方图"调板，单击下三角按钮，在弹出的下拉菜单中选择"扩展视图"命令，在"通道"中选择"颜色"，"直方图"调板显示图像的像素数据，如图 2-70 所示。

 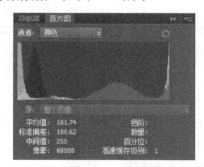

图 2-69 "直方图"调板　　　　图 2-70 "直方图"调板显示图像的像素数据

在直方图中，X 轴方向代表了亮度的"里程"，左边代表的低亮度数值为"0"，右边代表的高亮度数值为"255"。所有的亮度都分布在这条线段上，这条线段代表了绝对的亮度范围。

图 2-71 所示，在直方图中移动鼠标，统计数据会显示目前所处的亮度色阶及该亮度色阶上的像素数量。图 2-72 所示，拖动并选择一个范围，统计数据会显示所选范围的色阶及统计

范围中所包含的像素数量。

直方图 Y 轴所代表的像素数量可能会有走出窗口上限的情况，因此不能单凭视觉来判断像素数量，要以统计数据为准。

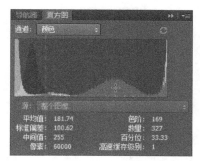 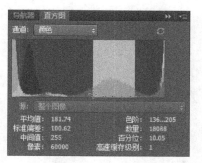

图 2-71 直方图中亮度色阶的像素数量　　图 2-72 直方图中所选亮度色阶的像素数量

8．去色

"去色"命令可以将图像的颜色去掉，变成灰度图像，但其颜色模式保持不变，只是每个像素的颜色被去掉只留有明暗度。如果此命令应用于多个图层图像，那么该命令只对当前工作图层起作用。执行"图像|调整|去色"命令，效果如图 2-73 所示。

图 2-73 调整"去色"后的图像效果

9．匹配颜色

"匹配颜色"命令允许通过更改亮度、色彩范围及中和色调来调整图像中的颜色。"匹配颜色"命令仅适用于 RGB 颜色模式图像。

"匹配颜色"命令将一个图像（源图像）的颜色与另一个图像（目标图像）的颜色相匹配。当尝试使不同图像中的颜色保持一致，或者一个图像中的某些颜色必须与另一个图像中的颜色匹配时，此命令非常有用。除了匹配两个图像之间的颜色，"匹配颜色"命令还可以匹配同一个图像中不同图层之间的颜色。

打开两张色调完全不同的图像，如图 2-74 所示，选择第一张图像，执行"图像|调整|匹配颜色"命令，弹出"匹配颜色"对话框，在"源"下拉列表中选择第二张图像，然后设置其他选项，单击"确定"按钮，第一张图像最终效果如图 2-75 所示。

图 2-74 打开两张图像

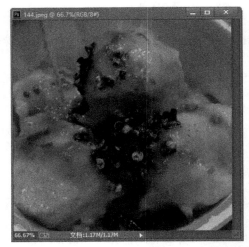

图 2-75 调整"匹配颜色"后的图像效果

10. 通道混合器

"通道混合器"命令可以创造性地调整颜色,也可以利用颜色通道创建高质量的灰度图像。在输出通道中可以选择当前图像颜色模式下任意一个通道,然后对其进行调整,通道混合器可以直观地对某个通道进行调整,并且可以预览调整效果。我们可以得到从每一种颜色通道选择一定比例创造出的高质量的灰度图像;也可以创造出高品质的棕色调或其他色调的图像;也可以将图像转换为替代色彩空间,或从该色彩空间转换图像;还可以交换或复制通道。选择要调整颜色的区域,执行"图像 | 调整 | 通道混合器"命令,弹出"通道混合器"对话框,如图 2-76 所示,对"通道混合器"对话框进行设置,图像效果如图 2-77 所示。

图 2-76 "通道混合器"对话框

"通道混合器"对话框各选项的含义如下。
- 输出通道:"输出通道"下拉列表用来选择要进行调整作为最后输出的颜色通道,该选项的颜色通道随图像的颜色模式而改变。
- 源通道:原始图像含有几种颜色通道,如 RGB 颜色模式含有 R、G、B 通道。在每个通道滑块的右边都有一个文本框,输入数值的范围为-200~200,通过拖动滑块或输入数值来改变该通道颜色。如果输入一个负值,则是先将源通道进行反相,再混合到输出通道上。
- 常数:在文本框中输入数值或拖动滑块,都可以将一个不透明的通道添加到输出通道,负值为黑色通道,正值为白色通道。
- 单色:该选项可以将相同的设置应用于所有输出通道,创建只包含灰色值的彩色图像。如果先选择了"单色",然后再取消选择,那么可以单独修改每一通道的混合,从而创建一种灰色调的效果。

图 2-77　调整"通道混合器"后的图像效果

11. 照片滤镜

"照片滤镜"命令模仿在相机镜头前面加彩色滤镜,以便调整通过镜头传输的光的色彩平衡和色温,可以用来修正由于扫描、胶片冲洗、平衡设置不正确造成的一些色彩偏差,也可以用来还原照片的真实色彩、强调效果、渲染气氛。"照片滤镜"命令还允许选择预设的颜色,以便对图像应用色相调整。如果应用自定义颜色调整,则"照片滤镜"命令允许使用Adobe拾色器来指定颜色。打开素材图片,执行"图像 | 调整 | 照片滤镜"命令,弹出"照片滤镜"对话框,如图 2-78 所示,对"照片滤镜"对话框进行设置,图像效果如图 2-79 所示。

图 2-78　"照片滤镜"对话框

"照片滤镜"对话框各选项的含义如下。
- 滤镜下拉列表:加温滤镜(85 和 LBA)及冷却滤镜(80 和 LBB)。用于调整图像中的白平衡的颜色转换滤镜。如果图像是使用色温较低的光(微黄色)拍摄的,则冷却滤镜(80)使图像的颜色更蓝,以便补偿色温较低的环境光。相反,如果图像是使用色温较高的光(微蓝色)拍摄的,则加温滤镜(85)会使图像的颜色更暖,以便补偿色温较高的环境光。加温滤镜(81)和冷却滤镜(82),使用光平衡滤镜来对图像的颜色品质进行细微调整。加温滤镜（81）使图像变暖（变黄），冷却滤镜（82）使图像变冷（变蓝）。个别颜色，根据最初颜色预设给图像应用色相调整。最初颜色取决于如何使用"照片滤镜"命令。如果图像有多色痕，则可以选取一种补色来中和色痕，还可以针对特殊颜色效果或增强应用颜色。

- 颜色：对于自定义滤镜，选择"颜色"单选按钮，单击右边的色块，并使用 Adobe 拾色器为自定义颜色滤镜指定颜色。
- 浓度：调整应用于图像的颜色数量，可以使用"浓度"滑块或者在"浓度"文本框中输入数值。浓度越高，颜色调整幅度就越大。
- 保留明度：如果不希望通过添加颜色滤镜来使图像变暗可以选中此选项。

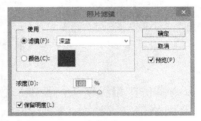

图 2-79　调整"照片滤镜"后的图像效果

注意　当使用暖色调滤镜纠正图像的蓝色偏差时，因为亮度信号有一定损失，所以应该将亮度和对比度相应提高一些。

12. 亮度/对比度

"亮度/对比度"命令可以对图像的色调进行简单的调整，它对图像的整体进行全局的调整，而不仅仅对高光区、中间色区、暗色区中的单个区域进行调整。执行"图像 | 调整 | 亮度/对比度"命令，弹出"亮度/对比度"对话框，如图 2-80 示，并进行设置，图像最终效果如图 2-81 所示。当两个滑块向左调整的，文本框内显示负值，可以降低图像的亮度和对比度；当两个滑块向右调整时，文本框内显示正值，可以提高图像的亮度和对比度。有时候对比度数值过大会使图像失真，但有很强的视觉冲击力。

图 2-80　"亮度/对比度"对话框

图 2-81 调整"亮度/对比度"后的图像效果

2.4.2 文字的应用

在实际工作中,我们经常使用 Photoshop CC 来制作各种各样的特效字,使得 Photoshop CC 的功能得到充分发挥。我们可以在图像中创建各种横排或直排文字,可以设置文字的字体、字号、颜色及段落等属性;此外,Photoshop CC 还可以利用路径和变形工具将文字制作出各种形状;可以结合滤镜和图层样式等工具制作出各种特效文字。

2.4.2.1 文字的基本操作

文字的编辑是通过工具箱的"文字工具"来实现的。单击工具箱中的 T 按钮或按下"T"键,可选择文字工具。按住鼠标左键不放,会弹出"文字工具"选项,如图 2-82 所示。Photoshop CC 共有 4 种文字输入工具:横排文字工具、直排文字工具、横排文字蒙版工具、直排文字蒙版工具。

图 2-82 "文字工具"选项

- "横排文字工具"可以在图像中输入从左向右排列的文字,如图 2-83 所示。
- "直排文字工具"可以在图像中输入从上到下竖直排列的文字,如图 2-83 所示。

图 2-83 横排文字和直排文字

- "横排文字蒙版工具"可以在图像中建立横排文字的选区,如图 2-84 所示。

图 2-84　横排文字的选区

- "直排文字蒙版工具"可以在图像中建立直排文字的选区，如图 2-85 所示。

图 2-85　直排文字的选区

2.4.2.2 "文字工具"属性栏

在工具箱中单击"文字工具"，就会相应显示出"文字工具"属性栏，如图 2-86 所示。"文字工具"属性栏的各项作用如下。

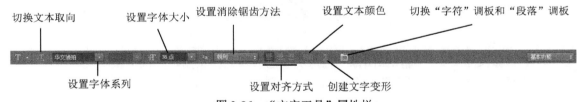

图 2-86　"文字工具"属性栏

- 切换文本取向：更改文字的方向，只能在文本编辑状态使用，文本编辑前可以在工具箱选择横排或直排工具。
- 设置字体系列：在下拉列表中选择要设置的文本字体，如宋体、黑体、隶书等。
- 设置字体大小：在下拉列表中选择文本的大小，也可以拖动 T 按钮或手工在列表框中输入字体大小。
- 设置消除锯齿方法：消除锯齿可以通过部分填充边缘像素来产生边缘平滑的文字，使文字边缘混合到背景中。在下拉列表中提供了 5 种消除锯齿的方法。
  - ➢ 无：不应用消除锯齿。
  - ➢ 锐利：使文字显得最为锐利。
  - ➢ 犀利：使文字显得稍微锐利。

➢ 浑厚：使文字显得更粗重。
➢ 平滑：使文字显得更平滑。
- 设置对齐方式：设置文本的对齐方式，包括左对齐文本、居中对齐文本、右对齐文本。
- 设置文本颜色：单击该按钮，弹出选择文本颜色的"拾色器"对话框，用于选取文本颜色。在默认情况下，系统会根据前景色的颜色设置文本的颜色。
- 创建文字变形：单击该按钮，弹出"变形文字"对话框，可以创建各种文字变形效果。
- 切换"字符"调板和"段落"调板：单击该按钮，弹出"字符"调板和"段落"调板，"字体"调板和"段落"调板包括了对文本的字体、段落设置，如图 2-87、图 2-88 所示。

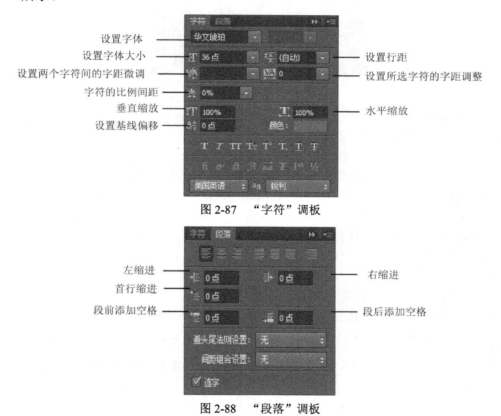

图 2-87 "字符"调板

图 2-88 "段落"调板

2.4.2.3 输入与选择文字

1. 输入点文本

输入点文本的具体操作步骤如下。

（1）单击"横排文字工具"T或"直排文字工具"IT。
（2）在图像中单击，设置文本的插入点。
（3）在"文字工具"属性栏、"字符"调板或"段落"调板设置文本的选项。
（4）输入文本，可以按下"Enter"键换行。
（5）输入或编辑完文本后，可以通过以下方法提交。
- 单击"提交"按钮✔。
- 使用"Ctrl+Enter"组合键或"Enter"键。

- 执行其他操作，则自动提交。

> **注 意** 输入点文本时，每行文本都是独立，行的长度随着编辑增加或缩短，不会自动换行。输入的文本即出现在新的文字图层中，如图 2-89 所示。用户提交后仍然可以对文本进行编辑。

图 2-89　输入点文本

2．输入段落文本

输入段落文本的具体操作步骤如下。
（1）单击"横排文字工具" 或"直排文字工具" 。
（2）在图像中利用鼠标拖动出一矩形区域，这个区域就是段落的外框。
（3）在"文字工具"属性栏、"字符"调板或"段落"调板设置文本的选项。
（4）输入文本，可以按下"Enter"键切换新的段落。如果输入的文本超出外框所能容纳的大小，外框上将出现溢出图标 。
（5）输入或编辑完文本后，可以通过以下方法提交。
- 单击"提交"按钮 。
- 使用"Ctrl+Enter"组合键或"Enter"键。
- 执行其他操作，则自动提交。

> **注 意** 在编辑状态下，用户可以根据需要调整外框的大小、旋转或斜切外框，如图 2-90 所示。在输入点文本时，用户也可以通过按下"Ctrl"键在文本周围出现外框，实现对文本的缩放、旋转和斜切。

图 2-90　调整输入段落文本外框

3．创建文字选区

使用"横排文字蒙版工具" 或"直排文字蒙版工具" ，创建一个文字形状的选区。文字选区出现在当前图层中，并可以像其他选区一样移动、拷贝、填充或描边。

创建文字选区的具体操作步骤如下。

（1）选择要创建文字选区的图层，要选择正常图像图层，而不选择文字图层。

（2）单击"横排文字蒙版工具" 或 "直排文字蒙版工具" 。

（3）在图像中输入点文本或段落文本。

（4）在"文字工具"属性栏、"字符"调板或"段落"调板设置文字的选项。

（5）输入或编辑完文字后，单击"提交"按钮，如图2-91所示。

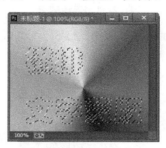

图2-91　创建文字选区

注意　在编辑状态下，输入文字时当前图层上会出现一个红色的蒙版。文字提交后，当前图层上的图像中才会出现文字选区。

（6）执行"编辑 | 填充"命令，弹出"填充"对话框，选择"图案"进行填充，单击"确定"按钮，按下"Ctrl+D"组合键取消选区，得到如图2-92所示的填充效果。

图2-92　填充效果

（7）在工具箱中选择"渐变工具"，选择一种渐变样式，在选区中拖动鼠标，按下"Ctrl+D"组合键取消选区，得到如图2-93所示的渐变效果。

图2-93　渐变效果

（8）执行"编辑 | 描边"命令，弹出"描边"对话框，设置"宽度"为"2像素"，"颜色"为"红色"，单击"确定"按钮，按下"Ctrl+D"组合键取消选区，得到如图2-94所示的描边效果。

图 2-94 描边效果

(9) 也可以将文字选区转换成路径,单击"路径"调板底部的"从选区生成工作路径"按钮即可,如图 2-95 所示。

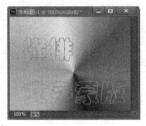

图 2-95 文字选区转换成路径效果

2.4.2.4 转换文字

1. 点文本与段落文本的转换

● 点文本转换为段落文本

可以将点文本转换为段落文本,以便在外框内调整字符的排列,操作步骤如下。

(1) 选择要转换的文字图层。

(2) 执行"类型|转换为段落文本"命令,如图 2-96 所示。

图 2-96 "转换为段落文本"命令

● 段落文本转换为点文本

可以将段落文本转换为点文本,以便使各文本行进行独立排列。将段落文本转换为点文本时,每个文本行的末尾(最后一行除外)都会添加一个回车符,操作步骤如下。

(1) 选择要转换的文字图层。

（2）执行"类型 | 转换为点文本"命令，如图 2-97 所示。

图 2-97 "转换为点文本"命令

注意 在将段落文本转换为点文本时，所有溢出外框的字符都被删除。为了避免丢失文本，用户需要在转换前调整外框，使全部文本在转换前都可见。

2．将文字转换为路径或其他图层

● 文字转换为工作路径

有时，在 Photoshop CC 中的字体不能完全满足用户的需要，用户往往需要在某个字体的基础上对其进行修改和编辑，以制作出符合用户需求的字体。将文字转换为工作路径，可以将这些文字用作矢量形状。工作路径是出现在"路径"调板中的临时路径，用于定义形状的轮廓，操作步骤如下。

（1）选择要转换的文字图层。

（2）执行"类型 | 创建工作路径"命令，系统会自动在文字的边缘创建路径，同时在"路径"调板自动创建工作路径，如图 2-98 所示。创建工作路径之后，文字图层仍保持不变并且可以编辑。

图 2-98 创建工作路径

（3）对路径进行修改，得到需要的字体，如图 2-99 所示。

图 2-99　修改文字路径

- 文字转换为形状

用户根据"文字转换为形状"的功能，可以制作出形状比较特殊的文字，操作步骤如下。

（1）选择要转换的文字图层。

（2）执行"类型｜转换为形状"命令，原有的文字就会失去文字的属性，该图层中的字符就无法进行编辑，如图 2-100 所示。

图 2-100　文字转换为形状

（3）修改形状，得到如图 2-101 所示的文字形状。

图 2-101　文字转换为形状效果

2.4.2.5　栅格化文字

在 Photoshop CC 中，有些命令不能应用于文字图层，如"描边"命令或使用各种滤镜。只有将文字图层转换为普通图层才可以使用，也就是要对文字图层执行"栅格化文字图层"命令，操作步骤如下。

（1）选择要转换的文字图层。

（2）执行"类型｜栅格化文字图层"命令，如图 2-102 所示。

（3）栅格化后文字图层转换成普通图层，如图 2-103 所示。

（4）执行"编辑｜描边"命令，在弹出的"描边"对话框中设置参数，单击"确定"按钮，得到效果如图 2-104 所示。

图 2-102　"栅格化文字图层"命令　　图 2-103　文字图层转换成普通图层　　图 2-104　描边文字效果

由于有些命令只能对文字图层操作，如将文字转换化路径或形状，对于已经栅格化文字的普通图层则不能进行转换，因此根据用户需要选择是否栅格化文字。

2.4.2.6　创建变形文字

Photoshop CC 文字变形功能可以轻松地创建出文字的扭曲形状，提供更多的文字设计空间。设置文字变形效果，具体操作步骤如下。

（1）选择要编辑的文字图层（或在文字编辑过程中），执行"类型｜文字变形"命令，如图 2-105 所示，打开"变形文字"对话框。

图 2-105　"变形文字"命令

（2）在"变形文字"对话框中的"样式"下拉列表选择一种样式，如图 2-106 所示。

图 2-106　"变形文字"对话框

（3）调节"弯曲""水平扭曲""垂直扭曲"的数值，得到满意的效果，部分样式预览效果如图 2-107 所示。

图 2-107　变形文字预览效果

2.5　项目小结

通过本项目的学习，在海报的创作过程中，要将"创意"作为海报的亮点。随着中国经济持续高速增长、市场竞争不断升级，商战已经进入"智"战时期，海报也从"媒体大战""投入大战"上升到海报创意的竞争，"创意"一词成为中国广告界流行的常用词之一。"Creative"的中文含意为"创意"，其意思是创造、创建、造成。"创意"从字面上理解是"创造意象之意"，从这一层面进行分析，海报创意是介于海报策划与海报表现制作之间的艺术构思活动。设计师根据海报主题，经过精心思考和策划，运用艺术手段，把所掌握的材料进行创造性的组合，以塑造一个意象的过程。

2.6　项目训练二

要求学生完成"校园海报"设计，设计要求如下。
① 根据学生就业招聘需求，自主搜集相关素材。
② 要求"校园海报"的色彩、色调能够具有较强的视觉冲击力。
③ 能够根据校园相关主题活动，抓住重点、充分运用"创意"思想进行艺术构思。
④ 熟练使用 Photoshop CC 相关工具，掌握其操作技巧和重要环节，完成创作。

项目 3 标志制作

标志是表明事物特征的记号,它以简洁、显著、易识别的物象、图形或文字符号作为直观语言,除具有标示、代替作用外,还具有表达意义、情感和指令行动等作用。标志作为人类直观联系的特殊方式,在社会活动与生产活动中无处不在,越来越显示其重要的功能。

重点提示:

图像选取

图像修饰

3.1 任务 1 护眼标志制作

3.1.1 主题说明

通过对学生的启发,让学生充分认识到标志设计与生活之间的密切联系,引导学生通过欣赏成功的标志设计作品,分析设计师的设计思维过程,逐步了解标志设计的方式方法,并能从学习活动中提高对标志设计的审美能力和实践能力。标志是象征性的视觉语言,它具有直观生动、易于识别和记忆的特点。

3.1.2 项目实施操作

(1)执行"文件|新建"命令,新建背景文件(宽×高:480 像素×360 像素,分辨率:180 像素/英寸,模式:RGB),弹出如图 3-1 所示的对话框。按下"Ctrl+R"组合键打开标尺,在标尺上单击鼠标右键,将"单位"设置为"像素",使用"移动工具"在中心拖出相应辅助线,如图 3-2 所示。

图 3-1 "新建"对话框

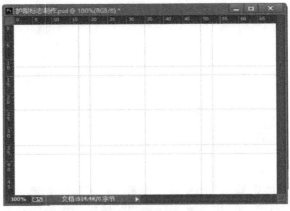

图 3-2　辅助线设置

（2）新建一个图层，使用工具箱中的"椭圆选框工具"，按住"Alt"键绘制外圆。在"工具属性栏"中单击"从选区减去"按钮，继续绘制内圆，其圆环效果如图 3-3 所示。

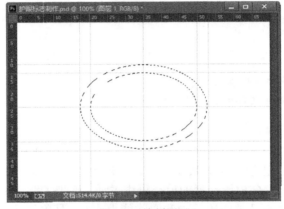

图 3-3　绘制圆环

（3）单击工具箱中的"设置前景色"按钮，将"前景色"设置为"蓝色（#050cda）"，按下"Alt+Del"组合键填充圆环颜色，按下"Ctrl+D"组合键去掉选区，使用"矩形选框工具"删除圆环部分图案，效果如图 3-4 所示。

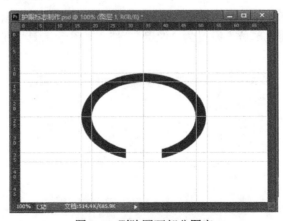

图 3-4　删除圆环部分图案

（4）单击"图层"调板底部的"创建新图层"按钮新建图层，使用工具箱中的"矩形选框工具"创建正方形（0.8厘米×0.8厘米），将"前景色"设置为"绿色（#12c200）"，按下"Alt+Del"组合键填充正方形颜色。按下"Ctrl+D"组合键去掉选区，按下"Ctrl+T"组合键对正方形进行变换操作，在"工具属性栏"中将"旋转角度"设置为"−45度"，"水平缩放"设置为"70%"，效果如图3-5所示。

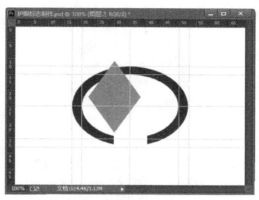

图3-5 调整创建的正方形

（5）按住"Alt"键复制正方形，效果如图3-6所示。新建图层，使用工具箱中的"矩形选框工具"创建小正方形，将"前景色"设置为"绿色（#12c200）"，按下"Alt+Del"组合键填充小正方形的颜色。按下"Ctrl+D"组合键去掉选区，效果如图3-7所示。

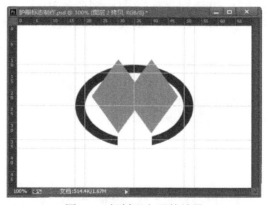

图3-6 复制正方形的效果

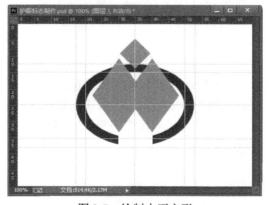

图3-7 绘制小正方形

（6）新建图层，使用工具箱中的"椭圆选框工具"，按住"Shift"键绘制圆形，设置"前景色"为"红色（#c70b08）"，使用"Alt+Del"组合键填充圆形颜色，按下"Ctrl+D"组合键去掉选区，最终效果如图 3-8 所示。

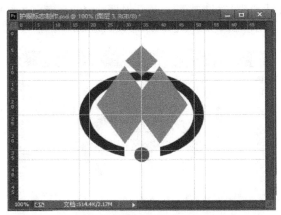

图 3-8　护眼标志最终效果

3.1.3　总结与点评

标志（Logo）是现代经济的产物，它不同于古代的印记，现代标志承载着企业的无形资产，是企业综合信息传递的媒介。标志作为企业 CIS 战略的主要部分，在企业形象传递过程中是应用最广泛的，出现频率最高的，同时也是最关键的元素。企业强大的整体实力，完善的管理机制，优质的产品和服务，都被涵盖于标志中，通过不断刺激和反复刻画，深深地留在大众心中。本任务通过护眼标志的制作，使读者了解标志的制作过程和技巧。

3.2　任务 2　班级标志制作

3.2.1　主题说明

班级标志是一个班级精神的核心表现形式，诠释一个班级的整体班风、学风及核心力。通过学习班级标志设计进一步掌握标志的设计流程及设计方法。

3.2.2　项目实施操作

（1）执行"文件 | 新建"命令，新建背景文件（宽×高：800 像素×800 像素，分辨率：72 像素/英寸，模式：CMYK），弹出如图 3-9 所示的对话框。

（2）单击"图层"调板底部的"创建新图层"按钮新建一个图层，按下"Ctrl+R"组合键打开标尺，在标尺上单击鼠标右键，将"单位"设置为"像素"，使用"移动工具"在中心拖出 2 条辅助线，如图 3-10 所示。

图 3-9 "新建"对话框

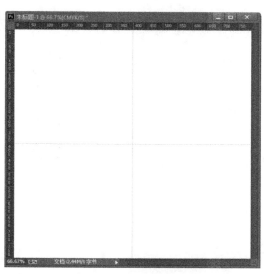

图 3-10 辅助线设置

（3）新建图层，使用工具箱中的"多边形工具"绘制十八边形，在工具属性栏中将"边"设置为"18"，按住"Alt+Shift"组合键以辅助线中心点为圆心绘制十八边形。使用工具箱中的"椭圆工具"，按住"Alt+Shift"组合键绘制正圆，如图 3-11 所示。将"前景色"设置为"蓝色（#00eb4）"，按下"Ctrl+Enter"组合键，将路径转换为选区，按下"Alt+Del"组合键进行填充，按下"Ctrl+D"组合键去掉选区，如图 3-12 所示。

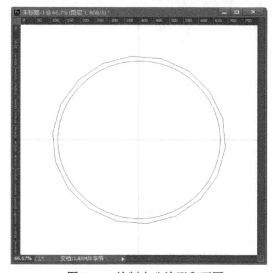

图 3-11 绘制十八边形和正圆

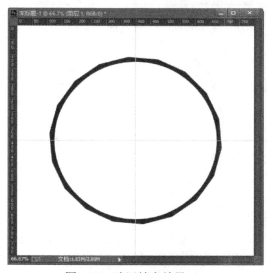

图 3-12 选区填充效果

（4）新建图层，使用工具箱中的"矩形工具"绘制一个长、宽均为"50 像素"的正方形，将"前景色"设置为"蓝色（#00eb4）"，按下"Alt+Del"组合键进行填充，按下"Ctrl+D"组合键去掉选区，按下"Ctrl+T"组合键进行自由变换操作，设置"旋转角度"为"45 度"，再次进行自由变换操作，设置"水平缩放"为"50%"，正方形变为矩形效果，如图 3-13 所示。

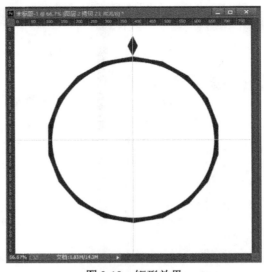

图 3-13 矩形效果

（5）复制"矩形 1"图层为"矩形 1 副本"图层，按下"Ctrl+T"组合键进行自由变换操作，使用"移动工具"将旋转中心点移至辅助线中心点，然后设置"旋转角度"为"15 度"，效果如图 3-14 所示。同时按住"Ctrl+Shift+Alt+T"组合键旋转 360 度，选中所有图层，按住"Ctrl+E"组合键合并图层，效果如图 3-15 所示。

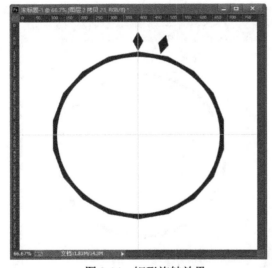

图 3-14 矩形旋转效果

图 3-15 矩形旋转 360 度效果

（6）复制合并的图层，按住"Ctrl"键单击该图层的缩略图，得到该图层的选区，设置"前景色"为"淡蓝色（#96f0ef）"，按下"Alt+Del"组合键进行填充，按下"Ctrl+D"组合键去掉选区，按下"Ctrl+T"组合键进行自由变换操作，设置"旋转角度"为"7.5 度"，按下"Alt+Shift"组合键，进行中心缩放，如图 3-16 所示。

图 3-16　中心缩放效果

（7）使用"自定形状工具"，选择"全球互联网"形状，设置"前景色"为"蓝色（#0943ec）"，按下"Alt+Shift"组合键从辅助线中心点进行绘制，按下"Ctrl+Enter"组合键，将路径转换为选区，按下"Alt+Del"组合键进行填充，按下"Ctrl+D"组合键去掉选区，最终效果如图 3-17 所示。

图 3-17　班级标志最终效果

3.2.3　总结与点评

一个完整的班级标志设计流程主要可以分为 4 部分：调研分析、元素挖掘、设计开发和标志修正。调研分析和元素挖掘属于前期设计阶段，此阶段设计人员要针对班级标志进行构思，提取能够代表班级整体风貌与班级核心凝聚力的标志元素。然后从构思的多个设计原稿中，由班委会集思广益确定最终的设计方案，在此基础上进行设计开发。标志修正是班级标志设计的最后环节，也就是对设计好的标志方案进一步地加工和修正以得到最佳的效果。

3.3 标志制作相关知识

3.3.1 标志的概述

标志的使用可以追溯到上古时代的"图腾",它以简洁的方式、深刻的内涵被应用在各种场合中。在当今信息发达的时代,商业竞争日益激烈,应用范围越来越广。标志已经成为一种精神的象征,一种企业形象的展示,一种世界性语言的代名词。可以说在市场经济的浪潮下,越来越多的企业意识到标志设计的重要性。优秀的标志设计是商品的代表、是质量的保证、是人与商品沟通的一道桥梁。

标志是一种图形传播符号,它以精练的形象向人们表达一定的含义,通过创造典型性的符号特征,传达特定的信息。标志作为视觉图形,有强烈的传达功能。在世界范围内,标志容易被人们理解、使用,并成为国际化的视觉语言。

3.3.2 商标与标志的区别

标志主要包括商标、徽标和公共标志。

1. 商标

商标是一种法律用语,是生产经营者在生产、制造、加工、经销的商品或服务上采用的,为了区别其他商品或服务,具有显著特征的标志一般由文字、图形构成。

2. 商标与标志的差异

- 性质不同

商标作为企业的专用标记,使用目的在于区别,而不能通用。标志的大部分内容是通用的,使用目的是为了说明。

- 内容不同

商标由企业依法根据自身特点量身打造图案构成。标志由国家颁布的标准说明和图形符号构成。

- 适用法律不同

商标的注册和使用不但在我国,而且在世界各国及国际组织间都有明确的法律规定。标志则不同于商标,日本用《家庭用品品质表示法》对标志的内容做出了规定。欧美国家也对标志的某些内容、条款有明确规定。我国则在《产品质量法》中对标志的使用做出了规定。

3.3.3 标志的作用

1. 识别性

标志的识别性是企业标志的重要功能之一。面对各种各样的竞争,只有简洁、明了、容易辨认和记忆的标志才能在同行业中凸显出来。

2. 领导性

标志设计是 VI 设计的核心,也是企业对外宣传的主导力量。标志的领导地位是企业经营理念和活动的集中体现,贯穿于企业所有的经营活动中,具有权威性的领导作用。

3. 统一性

标志象征着企业的经营理念、文化特色、价值取向,是企业精神的具体象征,在企业活动中,标志不能违背企业的宗旨。

4. 革新性

随着时代不断发展,标志设计也会随着时代进行变化,只有这样才能跟上时代的潮流,不会被时代淘汰。

3.3.4 标志的构成方法

1. 对称

对称是构成形式美的基本法则之一,是生物体构成的一种规律性表现方式,如图3-18所示。

图3-18 对称标志

2. 均衡

在非对称的图形上,均衡达到视觉上的平衡,如图3-19所示。

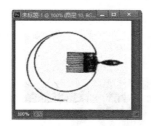 

墙纸公司标志　　　　　　　树木保护协会标志

图3-19 均衡标志

3. 反复

反复可以分为单纯反复和变化反复。单纯反复指某一造型元素反复出现,从而产生整齐的美感效果,如图3-20所示。变化反复指一些造型元素在平面上采取不同的间隔形式,使反复不仅具有节奏美,还具有单纯的韵律美,如图3-21所示。

图3-20 单纯反复标志　　　　图3-21 变化反复标志

4. 渐变

一个形按照一定规律进行一种逐渐的变化,如图3-22所示。

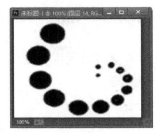

图 3-22 渐变标志

5．发射

发射是一种特殊的渐变，就是从一点或多点向某方向进行的放射，发射构成的标志比较适合表现光感等视觉效果，如图 3-23 所示。

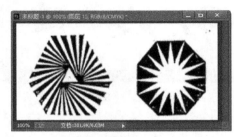

图 3-23 发射标志

6．添加

在一个或一组有秩序的形上（外），添加另一个形，以期望打破构图的呆板及增加新的意义，如图 3-24 所示。

图 3-24 添加标志

7．调和

设计某一形（框、一组文字等），把一个或一些散乱的形进行调和，使之产生整体感，如图 3-25 所示。

图 3-25 调和标志

8. 突破

在一个（组）平凡无奇的形当中突破形态，使原设计的构图稳中求变，增加动感和生气，如图 3-26 所示。

图 3-26　突破标志

9. 黑白（正负）

利用一个"实形"或一组"实形"，使之产生黑白对比，赋予标志新的意义，如图 3-27 所示。

图 3-27　黑白标志

10. 交织

交织是线的构成，一组线进行有规律的穿插构成秩序感，交织构成的标志比较适合传达通信、交通、网络、纺织品等方面的信息，如图 3-28 所示。

图 3-28　交织标志

11. 立体（空间）

在平面二维空间内，通过透视原理创造出三维空间视觉感，如图 3-29 所示。

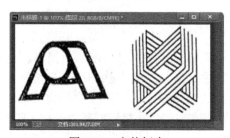

图 3-29　立体标志

3.3.5 标志的色彩设计

色彩的实用性是标志设计在视觉传达中最基本的要求，也是识别色彩设计的中心主题，它能鲜明、准确地表达企业的内涵与特性，在吸引顾客注意和企业开拓市场等方面发挥着重要作用。

1. 色彩的应用

色彩对眼睛的重要性，就像我们的耳朵一定要聆听音乐一样，很难想象如果在一个没有色彩的世界里，将会是什么样子？色彩能激发人们的情感，描述人们的思想，因此在标志设计中适当地使用色彩非常重要。许多书已经介绍了有关色彩方面的知识，色彩必须是易于识别的，作为背景色被广泛运用在一系列的图形设计中，而且我们会看到一些在心理上能够引起共鸣的代表色，以及从该色彩所联想到的事物。

- 蓝色是流行色彩，传递和平、宁静、协调、信任和信心。如果蓝色用于事物或烹饪领域，则是很糟糕的一件事情，因为蓝色会抑制人们的食欲。
- 把暖色调和冷色调搭配在一起，容易使人产生抑郁的感觉，蓝色和中性色搭配在一起给人舒适的感觉，但要谨慎橙色和蓝色搭配，因为这两种色彩搭配会使人易产生不稳定感。
- 米色是中性色，暗示着实用、保守和独立，它可能让人感到无聊和平淡，但是作为图形背景色来说，米色是朴实的，正如褐色与绿色搭配，蓝色与粉色搭配一样，米色作为背景色有助于人们读懂设计内容。
- 黑色被认为是神秘的色彩，把黑色作为主色调，通常要非常谨慎。如果设计儿童书店，黑色就是最坏的选择。但如果设计摄影棚或画廊，黑色可能是最佳的选择。毕竟对于艺术家来说，黑色是具有魅力的色彩。
- 褐色表现稳定、朴素和舒适。和黑色一样，如果不能正确地使用褐色，将会令人非常讨厌。
- 我们要非常谨慎地使用绿色，因为对大多数人来说，绿色容易使人产生一种强烈的感情，有积极的也有消极的。在某些情况下，绿色是友好的色彩，表示忠心和聪明。绿色通常用在财政领域与卫生保健领域。
- 在一般情况下，灰色有保守意味，它代表实用、悲伤、安全和可靠性。灰色也许是令人厌烦的颜色，代表形式古板、无生命力。不建议将灰色作为设计背景，除非设计师想把暗淡和保守的思想传达给顾客，否则最好选择其他中性色作为背景色，如浅褐色和白色。
- 紫色是一种神秘的色彩，象征着皇权，对于非传统和创造性方面的设计，紫色是不错的选择。
- 橙色是暖色调，寓意热心、热情。如果设计师要表现艳丽而引人注目的效果，那么可以使用橙色。橙色作为一种突出色彩，它可能刺激顾客的情感，因此要合理地使用，把它放在外表突出位置即可，并且一定要谨慎地使用橙色和蓝色搭配。
- 红色是艳丽的色彩，表达热情与激情，热与火、速度与热情、慷慨与激动、竞争与进攻都可以用红色表现。红色是刺激的、不安宁的色彩，不要与褐色、蓝色、浅紫色搭配使用。红色所表达的情感与橙色、褐色、黄色一样。阳光是黄色的，黄色表达乐观、快乐和充满想象力，如设计师使用黄色作为背景能够形成明暗差别的效果。

2. 色彩功能与形象的关系

色彩与形象互为存在的条件，装饰色彩的作用不可能脱离它所塑造与美化的形象。

色彩功能与形象有统一的情况，也有互相影响的情况。

3. 色彩与内容的表现

色彩的生理作用与心理作用常常是无法分开的，尤其是打破了视觉生理平衡而表现出某种色相的色调，会使人产生生理刺激直接构成感情影响。色彩表现的内容与情感统一才能够更加充分展示色彩的作用。

4. 标志的色彩设计

- 单色设计

标志既可以是大到几层楼的户外装饰，也可以是小到名片上的视觉艺术形象，设计师在设计标志时尽可能地展现标志的面积和范围。而这一视觉要求的最佳表现方式莫过于单色的使用，单色的表现优势是轮廓清晰、色彩饱和、明确有力、简洁明了。所以，在传统企业中，大多采用单色标志的表现形式，其目的是造型清晰和鲜明独特。如"可口可乐"标志的色彩选用单色红，结合"S"形飘带，充满激情与活力。香港汇丰银行标志，抽象几何性组成"H"，红色代表热情、活力与希望等。

- 基本色构成设计

标志可以表现强烈、醒目的视觉效果，在标志设计中，原色的表现尤为重要，饱和度越高，视觉冲击力越强。在标志设计中，常用色环基本色彩或类似基本色构成的例子很多，根据基本色的自身属性及其构成特征，这样设计的标志色，往往会使人产生激情活泼、快乐向上等视觉感觉与心理感受，适用于运动会、艺术、儿童等机构或相关产品品牌的标志设计。基本色构成设计在运用的时候也要注意避免产生混乱，可以从标志的面积上进行合理配置。在标志设计中，常用两种色彩搭配构成，也可以用三种色彩搭配构成。

- 多色构成设计

目前，一些著名的大型企业仍使用较少的色彩来体现其实力，统一厚重的视觉印象值得重视，这说明了简洁、快捷对企业的重要性。随着企业的发展和壮大，企业标志常用的单色或双色设计似乎显得难以表达其个性与特征，容易产生雷同，不易识别。目前，多色的标志越来越多，似有成为潮流、趋势的可能。

- 色彩渐变设计

色彩的渐变表现可以产生光感、空间感与运动感等效果，它既是表现的优势所在，也是色彩不易达到的特殊效果。目前，色彩渐变的表现形式也越来越多地出现在标志设计中，似乎已经成了一种设计色彩的趋势，如中国2008年北京奥运会的标志设计等。色彩的渐变设计在表现时一般有两种：一是色彩的等级渐变，产生律动与节奏感；二是色彩的晕染表现，产生光晕、空间与立体感。

- 色彩异构设计

色彩异构是在统一或一致的色彩画面中出现不同的变异色彩，也在有秩序的色彩表现中出现少数或极少数违反秩序的色彩因素，使色彩设计在统一中有变化，在变化中有共性。在标志设计中，色彩的异构表现部分是标志设计概念传达与视觉表现的核心，能够突出设计主题，有效地打破单调的格局。标志色彩的设计在异构表现中一般只有一个，这样有利于突出设计的视觉中心，加强感染力。

3.3.6 标志的构思与创意

1. 构思方向

- 以对象为特征的创意设计：在构思中直接、明确地传递信息，抓住对象的第一特征。
- 以对象名称字首为主的创意设计：无论汉字还是英文，取其字首进行创意，独具视觉特征。
- 用对象的全名组合创意设计：要强化对象和品牌的印象，加深大脑记忆与视觉识别。
- 形象化创意设计：主要是从对象特征上找出象征性图形，借助概念化的图形准确表达对象的内涵。
- 联想创意设计：这是一种通过抽象思维，让人们一见到奇妙的图形便很快联想到标志的创意，它用视觉化的语言体现图形符号。
- 从经营的内容上思考创意设计：可以从经营项目、产品属性等来概括图形符号，使标志切入主题，形象生动。
- 从企业精神、文化理念上创意设计：从企业的精神与文化理念入手概括、提炼出的标志设计，更能突出企业的内在精神。
- 从历史典故与地域特征上创意设计：涵盖了特定历史条件下所产生的人与事，创造出极富个性与人文思想的形象设计。
- 社会特性的图形创意设计：不同的背景会产生不同的图形，如国家形象、民族形象、传统形象等都带有一定的社会特性。

2. 构思与源点

- 构思源点的水平发展：为了便于比较，先设定 5 个以上的源点，以水平方向展开构思，可以获得不同的表现方法和形式。
- 构思源点的纵向发展：纵向展开可派生出不同形式和特点的草图，如果每个源点派生出 5 个具体方案的草图，那总量就不少于 30 个创意方案。
- 展开单向的创意模式：可以产生出相当数量的同类型方案，构思方向开始不受限制，沿着系统化模式去理顺构思，便会得到很多的启示，产生很多方案。
- 综合方案创意：综合比较，寻找出相对理想的方案，整体综合考虑，产生优化后的标志设计，可以供用户选择。
- 形象的选择性：准确表达意念，选择时要有敏锐的观察力，从整体思考，突破常人形象思维与常见印象模式，发掘形象的内在特征，使其具有深刻的寓意。
- 形象的典型化：认识、观察、抓住特点、权衡、选择、提炼。
- 联想的技巧：创造有意味的图形引人思考，例如，因果联想、推理联想、印象联想、反向联想、要素联想、类似联想、差异联想等。
- 设计语言：设计语言的表达形式与概念表达富于鲜明而简洁的意图，在视觉形象中去获得符号的感受。
- 蒙太奇表现手法：经过剪接，两个互不关联的事物形成了一种内在联系，产生了新的含义。
- 符号的个性化：不同国家、地域、民族的图形符号各不相同，随着文化发展而延续，使得标志在表达上非常有个性。

3.3.7 标志设计的艺术表现手法

1. 肌理

肌理是利用物体的自然形态和纹理增加图形感，使人在视觉上产生一种特殊效果，如图 3-30 所示。

图 3-30　肌理

2. 叠透

叠透能使标志图形产生三维空间感，通过叠透处理产生实形和虚形，增加了标志的内涵和意念，图形的巧妙组合与表现，使单调的形象丰富起来，如图 3-31 所示。

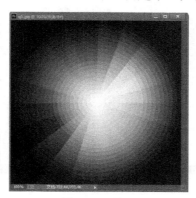

图 3-31　叠透

3. 共同线形

共同线形标志的特点是共有、互助、互存互依。世界是一个不可分离的整体，人类与自然的关系是共生存及求发展的辩证关系，如图 3-32 所示。

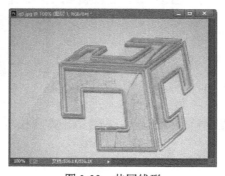

图 3-32　共同线形

4. 折

在平面图形中运用了折的手法，使其能够产生厚度、叠加、连带、节奏感。折在标志中能够体现出实力、组合、发展和方向的内涵。折所表达的意念明确，语言简练、图形清晰生动，如图 3-33 所示。

图 3-33 折

5. 旋转

旋转图形从古到今体现圆满、团圆、平等与和谐，它具有中心基点和辐射张力，并能不断创造丰富多彩的图形语言，如图 3-34 所示。

图 3-34 旋转

6. 显影形

显影形是有意味的图形，设计师通过巧妙构思将两种形象有机地融合于图形之中。读者在观察图形时，首先看到的是实形，然后会发现虚形，如图 3-35 所示。

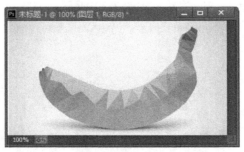

图 3-35 显影形

7. 相让

标志中的相让手法，体现出大度、谦让的效果，图形按规律"各行其道"，如图 3-36 所示。

图 3-36　相让

8. 交叉

在时间和空间上交叉产生了视觉层次，它丰富了大千世界。交叉能够产生特殊的结构，复杂的关系，连带的意味，如图 3-37 所示。

图 3-37　交叉

9. 分离

通过割裂、挤压、错位、附和等变化将一个完整的形象打破，构成了全新的形象。在标志中使用分离手法给人以悬念与期盼，产生疑惑之感，目的在于引起大众的注意，如图 3-38 所示。

图 3-38　分离

10. 积集

积集则是靠某种形态的重复获得吸引力。在手法上有方向、位置、正反、集散等变化，通过积集构成产生强烈的冲击效果，如图 3-39 所示。

图 3-39 积集

11．错觉利用

视觉产生的图形是合理的，错觉所形成的图形同样存在。错觉是利用了人眼睛的视觉变化，如图 3-40 所示。

图 3-40 错觉利用

3.3.8 标志设计的发展方向

1．绿色设计

绿色形成了优良环境及生命健康的主题。绿色设计的出现，给当代视觉艺术提出了一个严肃的课题。绿色设计延伸到标志设计中，无论意念还是表现，都会给图形带来新的生命内涵。

2．仿生设计

所谓仿生是借助自然去认识生态现象，从模仿自然生物的行为中启发人类。在标志设计中运用仿生设计，实质上是从自然界中获取生态的灵感，发现标志中的生命图式。面对装饰化的图形格局，标志创意选择了自然现象中优美的图形进行提炼、加工，从形态模拟系统加以创造。

3．人性化设计

随着时代的发展，人们的审美观念悄然改变。一方面完善实用功能，从需求上获得满足；另一方面，顺应现代审美潮流，追求美的情调。

4．时空化设计

科技进步和全球信息化，从某种意义上缩短了时空差，人脑的想象随着时空概念变化而延伸，平面设计走出二维向三维或多维思考，图形的时空化与科技手段为我们展现出丰富的空间符号。

5．朴素设计

在标志设计中，大胆运用简洁的元素，朴实的设计语言，自然轻松的表现手法，无疑具有永恒的生命力。标志以深刻的哲理思想，质朴的处理形式，易于人们理解。

6．随意形态设计

通常标志被当作某种象征符号，被赋予一定的精神理念，而过于表现集权化的形象使大众感到严肃和拘谨。在充满活力的时代，标志设计是全方位的，设计师应力求从多维角度去丰富图形语言，改变大众对标志的原有印象。

7．高科技设计

利用高科技思想扩展标志的思维空间，其目的是加大它的内存，存储相关的信息与应用能量。

8．个性化设计

个性化是设计师对标志的独到理解，真实反映他们对标志个性差异的理解。

3.3.9　标志设计的原则

所有的设计工作都有一定的设计准则和规范，标志设计当然也不例外。一般来说，标志设计的常用原则如下。

1．简易性

简单、易识别是 Logo 设计的基本原则，即使在小尺寸的画面中，Logo 也应该被快速识别。麦当劳的 Logo 设计源于麦当劳英文的首字母"M"。即使在黑夜，人们的视觉不是很敏锐的时候，看到"M"的霓虹灯也会立即识别并产生食欲和消费欲。

2．永恒性

Logo 的设计需要经受时间的考验，要能够充分展示公司的沟通意图。经典的耐克标志是由卡罗琳·戴维森在 1971 年设计的，至今仍然深入人心。几十年过去了，只要看到对勾形状的标志，即可肯定这是耐克品牌，同时意味着消费者的信任和品味。

3．通用性

Logo 的设计需要在各种媒介和材质上适用，即使在黑色或白色背景下也能较好地显示。华为的标志是一个有渐变效果的花瓣，即使以单色使用，人们仍然可以准确地辨别品牌。

4．规范性

Logo 不论使用何种载体，都需要遵循设计师预设的设计规范。设计规范一般会对 Logo 的颜色、形状、排列和扩展方式等几个方面进行规范。

图 3-41 所示为《传智播客标志》设计。

图 3-41　《传智播客标志》设计

3.3.10　标志设计赏析

- 《欧米茄标志》设计赏析，如图 3-42 所示。

图 3-42 《欧米茄标志》设计

享誉全球的欧米茄手表诞生于瑞士，它已经有 150 多年的制作工艺历史。时光流转，岁月变更，缔造了一个钟表品牌的传奇。由瑞士钟表设计师路易仕·勃兰特始创于 1848 年的欧米茄经过了上百年的积淀，凭借其先进的科技和精湛的技艺，稳居钟表行业的领先地位。

《欧米茄标志》（Ω）是希腊文的最后一个字母，它象征着事物的开始与终结，代表了完美、极致的非凡品质，诠释出欧米茄追求卓越品质的经营理念和崇尚传统并勇于创新的精神风范。以希腊字母"Ω"为造型主体，利用弧形曲线勾画符号的外形。"Ω"字内外弧度的变化，给人一种精密考究的感觉。另外"Ω"酷似表带，揭示出手表的主题内涵。《欧米茄标志》造型优美，极具标识性，充分体现了高超的制表技艺与高贵典雅的造型设计。

3.4 Photoshop CC 相关知识

图层是非常重要的概念，它是构成 Photoshop CC 图像处理的重要组成单位，可以说是 Photoshop CC 的核心，几乎所有的应用都基于图层，很多图像处理功能也是图层提供的，用户可以通过对图层的直接操作而得到很多特效，并且方便快捷。学会使用图层是学习 Photoshop CC 的关键一步，只有掌握了图层的使用技巧，才可以说掌握了 Photoshop CC 的基本操作，所以在本节中，我们将介绍图层的相关技巧。

3.4.1 图层的特性

图层就是一层一层叠放的图片。实际上，图层就像是含有文本或图像等元素的一张透明的玻璃纸，将一张张透明的纸张按顺序叠放在一起，就是图层的堆叠关系。图层上没有图像的区域会透出其下面一张图层的内容，每个图层都是相对独立并可编辑的，用户通过对每个图层中的元素进行编辑、精确定位，堆叠起来最终就可以合成一幅完整的图画。

图层具有透明性、独立性和遮盖性的特点。

1．透明性

在默认情况下，最底层为不透明的"背景"图层，居于其上面的新建图层都是没有颜色的透明图层。用户可以在新图层中加入文本、图片、表格、插件，也可以进行嵌套图层，只要这个图层还有透明区域，用户就可以透过图层的透明区域看到其下面的图层。

2．独立性

每个图层都是可以独立编辑的，用户可以对每个图层中的文本和图像进行移动、修改、删除、添加特效，对其他的图层内容没有影响。

3. 遮盖性

当某个图层被加入内容后，有颜色的区域就会遮盖其下面的图层内容。用户可以通过调整图层的堆叠顺序来选择想要显示的图像部分。

3.4.2 图层调板

编辑图层的大部分工具都集中在"图层"调板及"图层"菜单中，用户通过调板和菜单中的命令，可以实现对图层的创建、移动、复制、合并、链接、删除等操作。相对而言，使用"图层"调板更为方便、快捷，更易操作。

在默认情况下，"图层"调板位于 Photoshop CC 窗口的右下方，用户可以使用"窗口"菜单或按下"F7"键显示和隐藏"图层"调板，下面介绍"图层"调板的组成，如图 3-43 所示。

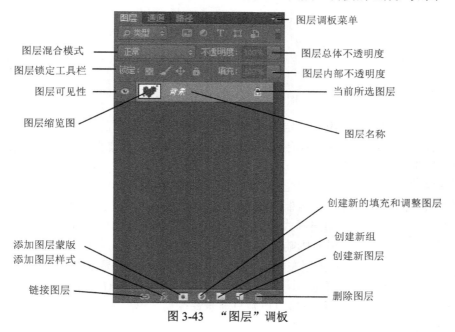

图 3-43 "图层"调板

"图层"调板各部分的功能含义如下。

- 图层混合模式：用于设置当前图层与下一图层颜色合成的方式，不同的合成方式会得到不同的效果。
- 图层锁定工具栏：可以将图层编辑的某些功能锁住，避免损坏图层中的图像。各按钮功能如下。
  - 锁定透明像素▨：对某一图层锁定该项，可以将编辑操作限制在该图层的不透明部分，相当于保留透明区域。
  - 锁定图像像素▨：对某一图层锁定该项，可以防止使用绘画工具修改该图层的像素。
  - 锁定位置▨：对某一图层锁定该项，可以防止移动该图层的像素。不能进行移动、自由变换等编辑操作，但可以进行填充、描边、渐变等绘图操作。
  - 锁定全部▨：对某一图层锁定该项，则完全锁定图层的任何绘图操作和编辑操作，如删除图层、图层混合模式、不透明度和滤镜等。
- 图层调板菜单：单击"图层"调板下三角按钮，将弹出一个下拉菜单，显示对图层编辑的一些主要操作，如图 3-44 所示。

图 3-44 "图层"调板菜单

- 图层总体不透明度：用于设定当前图层的不透明度。图层的不透明度决定了它遮盖或显示其下面图层的程度。不透明度为"0%"的图层是完全透明的，而透明度为"100%"的图层则完全不透明。
- 图层内部不透明度：用于设定当前图层内填充像素的不透明度。内部不透明度影响图层中绘制的像素或图层上绘制的形状。它与图层总体不透明度的区别是：图层不透明度对应用于该图层的图层样式和混合模式仍然有效，但图层内部不透明度对已应用于该图层上的图层效果没有影响。
- 图层可见性：单击某一图层左侧的"眼睛"图标，可以用来显示或隐藏该图层，"眼睛"图标出现表示图层是可见的，反之则不可见。用户可以按住"Alt"键，单击某一图层的"眼睛"图标，在图像编辑窗口则只显示该图层，再次按住"Alt"键，单击"眼睛"图标，即可重新显示所有的图层。
- 图层缩览图：以缩小的方式显示图层中的内容。用户可以按住"Ctrl"键，单击某一图层的"图层缩览图"，即可载入该图层的像素作为选区。
- 当前所选图层：以蓝色显示的图层就是当前所选图层。
- 图层名称：在默认情况下，新建的图层以"图层 1""图层 2"命名，用户为了方便操作，可以对图层进行重命名，双击原有的图层名即可进行图层名称的编辑状态。
- 链接图层 ：可以将两个以上图层链接在一起，对这些图层的内容进行统一操作，如移动操作。
- 添加图层样式 ：可以对某一图层添加特效，如添加投影、发光、阴影等特效。
- 添加图层蒙版 ：可以对某一图层添加图层蒙版，以便更好地编辑图层。
- 创建新的填充或调整图层 ：可以创建填充图层或调整图层。填充图层可以创建用纯色、渐变或图案填充的图层，不会影响其下面的图层。调整图层可以创建调整颜色和色调的图层，用来影响其下面的图层的颜色和色调效果。
- 创建新组 ：可以将多个相关的图层分成一组，方便管理，简化操作。
- 创建新图层 ：可以新建图层和复制图层。单击该按钮可以创建一个空的图层。也可以按住"Ctrl"键,鼠标拖动所选的图层到 ,完成图层的复制操作。
- 删除图层 :可以将所选择的一个或多个图层删除。

3.4.3 图层的分类

打开一个分层的图像文件,会看到图层有多种不同的形式,如图 3-45 所示,不同形式的图层有各自的特点。

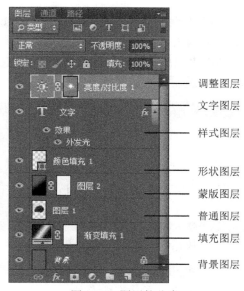

图 3-45　图层的分类

1．普通图层

普通图层是指最基本的图层类型,是最常用的图层,几乎所有的 Photoshop CC 功能都可以在这种图层上得到应用。

普通图层是创建新图层时默认的图层类型,而且新建的图层都是位于当前图层的上面,同时成为新的当前图层。

2．背景图层

背景图层始终位于"图层"调板的最底层,作为图像的背景。背景图层是一个特殊的不透明图层,用户不能对其进行"混合模式""不透明度""填充不透明度"的调整。该图层是被锁定的,无法更改图层顺序、移动图层位置和解除锁定。

图像中可以没有背景图层,但是不可以有两个或两个以上的背景图层,如果想对背景图层的内容进行修改,可以将其转换为普通图层再进行编辑,方法是双击背景图层,弹出"新建图层"对话框,如图 3-46 所示。也可以将普通图层转换为背景图层,方法是执行"图层 | 新建 | 背景图层"命令。

图 3-46　"新建图层"对话框

3. 文字图层

在工具箱中选择"文字工具"输入文字以后，就会自动新建一个文字图层。在默认情况下，以当前输入的文字作为图层的名称。文字图层含有文字内容和文字格式，用户可以进行反复修改和编辑。

文字图层比较特殊，不可以直接使用工具进行着色和绘图，如"画笔工具""橡皮擦工具"等，需要将文字图层进行"栅格化"后转换为普通图层，才可以进行文字图层编辑。

4. 形状图层

形状图层是使用"矢量工具"绘制矢量形状时创建的图层。如在工具箱中选择"形状工具"或"路径工具"绘图后，就会建立形状图层，如图 3-47 所示。在形状图层中，形状会自动填充当前的前景色，形状图层在"图层"调板中包括一个图层缩览图和矢量蒙版缩览图，它们是链接在一起的，以共同形成该图层的图像效果。

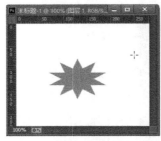 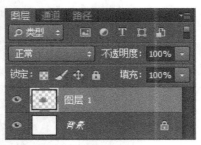

图 3-47　形状图层与效果图

形状图层与文字图层类似，需要将形状图层转换为普通图层以后才可以使用更多的命令进行编辑，方法是执行"图层｜栅格化｜形状"命令。

5. 蒙版图层

蒙版用于保护或隔离图层图像，用户可以利用蒙版屏蔽图像中不想要的部分或制作朦胧图像效果等。蒙版是必须附加在图层之上的，也就构成了蒙版图层。

6. 调整图层

调整图层是用来进行图像调整的图层，单击"图层"调板下方的工具按钮，弹出调整图层菜单，如图 3-48 所示，用户根据需要选择命令进行图像调整。

图 3-48　弹出调整图层菜单

Photoshop CC 提供了很多调整命令，可以通过执行"图像 | 调整"命令来完成，但是仅应用于所选择的某一个图层，并且会永久改变图层中的图像。调整图层是在单独的图层上设置调整命令，然后作用于其下面的所有图层。例如，用户可以创建"色阶"调整图层，而不是直接在图像上调整"色阶"。该图层下面的所有图层都应用了"色阶"调整效果。同时，不同的调整命令可以建立各自的调整图层，使修改更有弹性，确保图像的品质。

调整图层具有以下优点。

- 编辑不会造成破坏。用户可以尝试不同的设置并随时重新编辑调整图层，也可以通过降低该图层的不透明度来减轻调整的效果。
- 编辑具有选择性。使用调整图层的蒙版可将调整仅应用于图像的一部分。
- 能够将调整应用于多个图像。在图像之间复制调整图层，以便应用相同的颜色和色调调整。

调整图层具有许多与其他图层相同的特性。用户可以改变调整图层的"不透明度"和"混合模式"，也可以将调整图层编组以便应用于某些特定的图层。

3.4.4 图层的基本操作

1. 选择图层

选择图层主要有以下几种方法。

- 单击"图层"调板中的图层名称即可。
- 选择工具箱中的"移动工具"，在画面上单击鼠标右键，会弹出鼠标所在处的图层名称，选择即可。
- 使用工具箱中的"移动工具"，在工具属性栏中勾选"自动选择"复选框，在下拉菜单中选择"图层"，在画面上单击即可选取画面所在的图层。

用户也可以同时选择多个图层，对其进行统一修改和调整，方法如下。

- 按住"Shift"键，单击所要选择的第一个图层和最后一个图层，可以选择连续多个图层，如图 3-49 所示。

图 3-49　选择连续多个图层

- 按住"Ctrl"键，单击所要选择的任意图层，可以选择不连续的多个图层，如图 3-50 所示。

图 3-50 选择不连续多个图层

- 要选择所有图层，可以执行"选择丨所有图层"命令，也可以按下"Alt+Ctrl+A"组合键。
- 要选择所有相似类型的图层（要选择所有文字图层），可以先选择其中一个图层，然后执行"选择丨相似图层"命令。

取消选择图层的方法如下。

- 要取消选择某一个图层，按住"Ctrl"键，单击所要取消的图层。
- 要取消选择所有图层，可以执行"选择丨取消选择图层"命令。

2．调整图层叠加次序

由于图层具有遮盖性的特点，我们经常需要调整图层次序来显示和遮盖部分图像。

调整图层叠加次序的方法如下。

- 选择要移动的图层，拖动鼠标左键移动到所要调整的位置，如图 3-51 所示，用户将图层 4 移动到图层 1 的上面。
- 执行"图层丨排列"子菜单中的命令，将所选图层调整顺序，如图 3-52 所示。
- 要反转选定的图层顺序，可以先选定至少两个图层，然后执行"图层丨排列丨反向"命令。

图 3-51 调整图层顺序

图 3-52 "排列"子菜单

3. 合并与拼合图层

合并图层是指将所有选择的图层合并成一个图层。用户可以通过合并图层来简化对图层的管理，并且可以缩小图像文件的大小。图层的合并是永久行为，在存储后，不能恢复到未合并时的状态。

合并图层有以下几种方法。

- 选择要合并的多个图层，执行"图层 | 合并图层"命令，或者按下"Ctrl+E"组合键。
- 要合并相邻的两个图层，选择上一个图层，执行"图层 | 向下合并"命令，或者按下"Ctrl+E"组合键，该图层会与其下面一个相邻的图层合并。
- 要将所有可见的图层合并，执行"图层 | 合并可见图层"命令，或者按下"Shift+Ctrl+E"组合键。

拼合图层可以大大缩小文件的大小，将所有可见图层合并到背景中并扔掉隐藏的图层。方法是执行"图层 | 拼合图像"命令，或者选择"图层"调板菜单下的"拼合图像"命令。

4. 图层编组

当图像文件中的图层过多难以管理时，图层组可以帮助用户管理和组织图层，也可以通过调整图层组的位置来改变图像的效果。对图层编组的好处是可以对同一组的所有图层进行统一的操作。

创建新组的方法如下。

- 执行"图层 | 新建 | 组"命令。
- 选择"图层"调板菜单下的"新建组"命令。
- 单击"图层"调板下方的"创建新组"按钮 ▭ 。

将图层添加到组的方法如下。

- 在"图层"调板中选择已有的组，单击"图层"调板下方的"创建新图层"按钮 ▭ ，即可在该组中新建图层。
- 选择图层，按住鼠标左键将图层拖动到组文件夹中。
- 将组文件夹拖动到另一个组文件夹中，该组及组中所有的图层也相应地移过去。
- 选择图层或组，执行"图层 | 图层编组"命令，或者按下"Ctrl+G"组合键，可以自动创建新组，并将所选图层或组添加到新组中。

5. 图层的对齐与分布

在图像绘制过程中，有时需要将图层中的内容按照一定的方式对齐或分布，使画面更加整齐，Photoshop CC 的对齐与分布图层主要有"顶边""垂直居中""底边""左边""水平居中""右边"6 种方式。

- 图层的对齐操作

用户可以将多个图层中的图像对齐，具体操作步骤如下。

（1）打开原始文件，选择要对齐图像的多个图层，如图 3-53 所示。

（2）执行"图层 | 对齐"命令，在子菜单中选择一种对齐方式，选择"左边"对齐，效果如图 3-54 所示。

用户也可以将多个图层中的内容与选区对齐，具体操作步骤如下。

（1）创建一个选区，如图 3-55 所示。

图 3-53　选择要对齐图像的多个图层

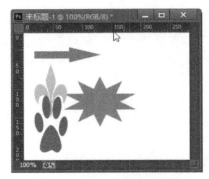

图 3-54　"左边"对齐效果

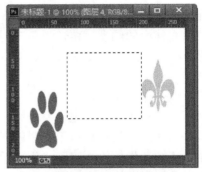

图 3-55　创建一个选区

（2）选择一个或多个要对齐的图层。

（3）执行"图层｜将图层与选区对齐"命令，在子菜单中选择一种对齐方式，选择"顶边"对齐方式，效果如图 3-56 所示。

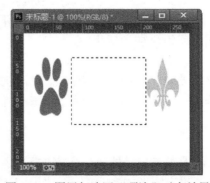

图 3-56　图层与选区"顶边"对齐效果

- 图层的分布操作

图层的分布是指各图层中内容按照一个起点和终点的位置平均分布。至少 3 个以上图层才能进行分布操作。

具体操作步骤如下。

（1）打开原始文件，选择 3 个以上的图层，如图 3-57 所示。

（2）执行"图层｜分布"命令，在子菜单中选择一种分布方式，选择"顶边"分布方式，效果如图3-58所示。

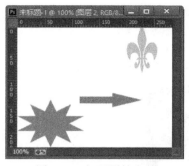 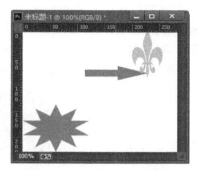

图3-57　打开原始文件　　　　　　　　图3-58　"顶边"分布效果

6．图层样式

图层样式可以对图层的内容快速应用特殊效果，通过添加投影、发光、浮雕等效果可以得到玻璃、金属等样式。Photoshop CC 内置了预设样式可供选择，也可以自定义图层样式。

应用了图层样式的图层就是"样式图层"，在"图层"调板中图层名称右边会出现 fx 图标，可以展开样式用于查看和编辑样式图层。

- 应用预设样式

  ➤ 执行"窗口｜样式"命令，显示"样式"调板，在调板中进行选择，如图3-59所示。

图3-59　"样式"调板

  ➤ 执行"图层｜图层样式｜混合选项"命令，弹出"图层样式"对话框，如图3-60所示，然后单击对话框中的样式选项（对话框中间列表）。

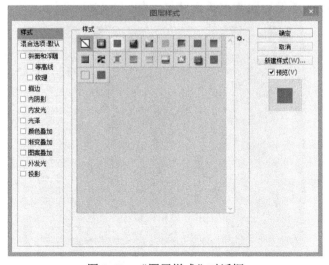

图3-60　"图层样式"对话框

➢ 双击"图层"调板中图层名称右侧的空白区域，即可打开"图层样式"对话框。应用了图层样式的图层就是"样式图层"，"图层"调板中图层名称右边会出现 图标，可以展开样式用于查看和编辑样式图层。

● 创建图层样式

可以根据用户需要自定义图层样式，创建图层样式的具体操作步骤如下。

（1）打开原始文件，选择要添加图层样式的图层，如图 3-61 所示。

图 3-61　选择要添加图层样式的图层

（2）打开"图层样式"对话框，方法如下。

➢ 执行"图层｜图层样式"命令，在子菜单中选择一种样式，打开"图层样式"对话框。

➢ 单击"图层"调板下方的"添加图层样式"按钮 ，选择一种样式，打开"图层样式"对话框。

➢ 双击"图层"调板中图层名称右侧的空白区域，打开"图层样式"对话框。

（3）在"图层样式"对话框中选择效果，并设置各项参数，单击"确定"按钮完成设置。下面逐一介绍各种样式的效果。

➢ 投影：可以在图像后面添加投影效果，如图 3-62 所示。

图 3-62　"投影"效果

➢ 内阴影：可以在图像内侧添加阴影效果，如图 3-63 所示。

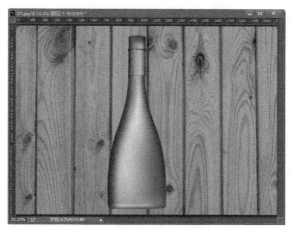

图 3-63 "内阴影"效果

➢ 外发光：可以为图像添加从边缘向外发光的效果，如图 3-64 所示。

图 3-64 "外发光"效果

➢ 内发光：可以为图像添加从边缘向内发光的效果，如图 3-65 所示。

图 3-65 "内发光"效果

➤ 斜面和浮雕：可以根据图像形状为图像创建出立体感和浮雕的效果，如图 3-66 所示。

图 3-66 "斜面和浮雕"效果

➤ 光泽：可以为图像创建光滑光泽的内部阴影，如图 3-67 所示。

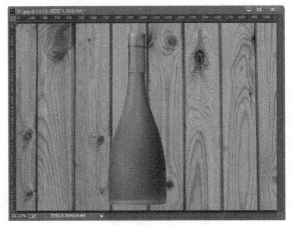

图 3-67 "光泽"效果

➤ 颜色叠加：可以为图像填充颜色叠加效果，如图 3-68 所示。

图 3-68 "颜色叠加"效果

➢ 渐变叠加：可以为图像填充渐变叠加效果，如图 3-69 所示。

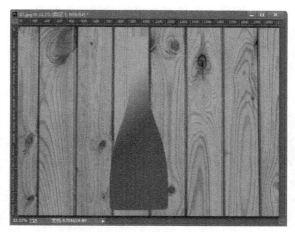

图 3-69　"渐变叠加"效果

➢ 图案叠加：可以为图像填充图案叠加效果，如图 3-70 所示。

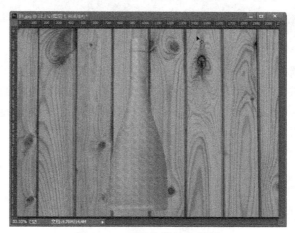

图 3-70　"图案叠加"效果

➢ 描边：可以为图像添加描边效果，如图 3-71 所示。

图 3-71　"描边"效果

7．图层混合模式

图层混合模式是指将当前图层中的像素与它下面图层中的像素以一种模式进行混合，简称为图层模式。图层混合模式是 Photoshop CC 核心的功能之一，也是在图像处理中最为常用的一种技术手段，使用图层混合模式可以创建各种图层特效。

具体操作步骤如下。

（1）打开原始文件，如图 3-72 所示，选择要使用图层混合模式的图层。

图 3-72　打开原始文件

（2）在"图层"调板中单击"正常"下拉菜单，选择一种图层混合模式即可。

在 Photoshop CC 中有 27 种图层混合模式，每种模式都有其各自的运算公式。因此，对同样的两幅图像，设置不同的图层混合模式，得到的图像效果也是不同的。图层混合模式按功能大致分为六大类，如图 3-73 所示。

图 3-73　图层混合模式

- 基础类：利用图层的不透明度和图层填充值来控制下层的图像，达到与底色溶解在一起的效果，"溶解"效果如图 3-74 所示。

图 3-74 "溶解"效果

- 降暗类：通过滤除图像中的亮调部分，达到将图像变暗的目的，"正片叠底"效果如图 3-75 所示。

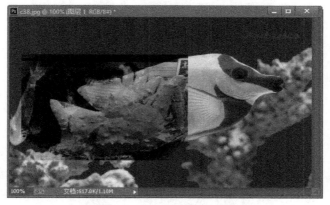

图 3-75 "正片叠底"效果

- 提亮类：通过滤除图像中的暗调部分，达到将图像变亮的目的，"变亮"效果如图 3-76 所示。

图 3-76 "变亮"效果

- 融合类：可以将图像进行不同程度的融合，"叠加"效果如图 3-77 所示。

图 3-77 "叠加"效果

- 色异类：可以为图像制作另类、反色的效果，"差值"效果如图 3-78 所示。

图 3-78 "差值"效果

- 蒙色类：可以用上层图层的颜色映衬下层图层上的图像，"明度"效果如图 3-79 所示。

图 3-79 "明度"效果

3.4.5 图层的高级应用

1. 盖印图层

盖印图层就是将图像处理的所得效果盖印在一个新的图层上，新图层上的图像实际上是图层合并后的效果。

由于盖印图层是重新生成一个新图层，而不会影响到原有图层，所以盖印图层比合并图层更好用，因为如果用户觉得处理的效果不太满意，可以删除盖印图层，之前所做的图层依然还在，可以继续编辑修改图层。

盖印图层的具体操作方法如下。

- 要盖印所选择的多个图层，可以使用"Ctrl+Alt+E"组合键完成盖印图层。
- 要盖印所有可见图层，可以使用"Shift+Ctrl+Alt+E"组合键完成盖印可见图层，盖印效果如图 3-80 所示。

图 3-80　"盖印所有可见图层"效果

2. 智能对象

智能对象是包含栅格或矢量图像中的图像数据的图层。智能对象将保留图像的源内容及其所有原始特性，从而能够对图层执行非破坏性编辑。

在正常情况下，对一个图层的图像变换大小时，先把图像缩小，确定以后，再把图像放大到最初的大小，会发现图像不能恢复到以前的效果，图像变虚甚至出现马赛克，如图 3-81 所示。而将图层转换为智能对象就能解决这一问题，可以把智能对象任意地放大与缩小多次，图像的像素也不会有损失。

图 3-81　未转换智能对象前缩小再放大的效果

"智能对象"的具体操作步骤如下。

（1）打开素材图像，选择要转换为智能对象的图层，执行"图层｜智能对象｜转换为智能对象"命令。普通的图层转换为智能对象图层后，"图层"调板中图层的缩览图会发生变化，如图 3-82 所示。

图 3-82 智能对象标识

（2）将智能对象缩小后，再放大，得到如图 3-83 所示的效果，与原始图像相同。

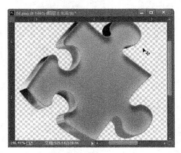

图 3-83 转换为智能对象后缩小再放大的效果

智能对象除具有非破坏性编辑外，也可以实现一些智能添加的效果。例如，复制多个智能对象图层，然后对其中一个智能对象进行处理，其他的智能对象都会发生相同变化，具体操作步骤如下。

（1）打开素材图像，选择要转换为智能对象的图层，执行"图层 | 智能对象 | 转换为智能对象"命令。使用"Ctrl+J"组合键对智能对象图层进行多次复制，可以看到图层副本都是智能对象图层，如图 3-84 所示。

图 3-84 复制智能图层后的效果

（2）双击其中任一个智能对象图层的缩览图，会打开一个".psb"新文件窗口，智能对象图层包含的内容都在里面，如图 3-85 所示。

（3）对该文件进行处理，如图 3-86 所示，处理完后保存该文件。

图 3-85　打开一个".psb"新文件窗口

图 3-86　新文件处理后的效果

（4）查看素材图像，发现所有智能对象都发生了变化，如图 3-87 所示。

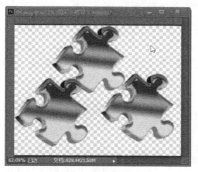
图 3-87　最终效果

智能对象还可以作为图片处理的模板使用，具体操作步骤如下。

（1）打开素材图像，将图层 1 转换为智能对象图层，如图 3-88 所示。

图 3-88　打开素材图像

（2）对该智能对象添加"亮度/对比度"及"色相/饱和度"调整图层，对色彩进行调整，如图 3-89 所示。

图 3-89　添加调整图层的效果

（3）选择智能对象图层，执行"图层｜智能对象｜替换内容"命令，在弹出的"置入"对话框中选择要替换的文件即可，可以看到，置入的图像应用了步骤 2 的色彩调整效果，如图 3-90 所示。

图 3-90　"替换内容"的效果

3．"自动对齐图层"和"自动混合图层"

- 自动对齐图层

利用"自动对齐图层"命令可根据不同图层中的相似内容对图层进行自动对齐处理，通过一个指定的参考图层将其他图层与该图层的内容进行自动匹配，以达到自动叠加的自然效果。

"自动对齐图层"具体操作步骤如下。

（1）选择要自动对齐的多个图层，执行"文件｜脚本｜将文件转入堆栈"命令将图像文件载入，要对齐的源图像文件如图 3-91、图 3-92 所示。

图 3-91　源图像文件 1　　　　　　　图 3-92　源图像文件 2

（2）在"图层"调板选择两个源图像文件的图层，执行"编辑｜自动对齐图层"命令，弹出"自动对齐图层"对话框，如图 3-93 所示。

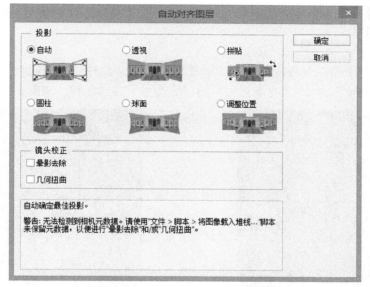

图 3-93　"自动对齐图层"对话框

（3）单击"确定"按钮，得到效果如图 3-94 所示。

图 3-94　"自动对齐图层"效果图

（4）我们可以看到，两张照片之间有明显接缝，需要处理。我们可以通过调整"曲线"或其他命令调整图像，最终效果如图 3-95 所示。

图 3-95　最终效果图

- 自动混合图层

使用"自动混合图层"命令可以缝合或组合图像，从而在最终复合图像中获得平滑的过渡效果。"自动混合图层"将会对每个图层应用图层蒙版，以遮盖图像内容差异部分。需要注意的是，"自动混合图层"命令仅适用于 RGB 或灰度图像，不适用于智能对象、视频图层、3D 图层或背景图层。

"自动混合图层"具体操作步骤如下。

（1）打开素材图像，复制背景图层，如图 3-96 所示。选中"背景拷贝"图层，执行"编辑｜变换｜水平翻转"命令，"背景拷贝"图层进行水平方向翻转，如图 3-97 所示。

图 3-96　复制背景图层

图 3-97　水平翻转图层

（2）选中"背景"图层和"背景拷贝"图层，执行"编辑｜自动混合图层"命令，在打开的"自动混合图层"对话框，选择"堆叠图像"，如图 3-98 所示，得到最终效果如图 3-99 所示。

图 3-98　"自动混合图层"对话框

图 3-99　"自动混合图层"效果图

3.5 项目小结

一幅插画之所以给人以漂亮的感觉,是因为其元素丰富。但是,标志不同,它简单到极致,正应了一句话"最简单的就是最难的",既要用最少的元素涵盖用户所要表达的内容,又要直接美观。由此可见,标志设计是一门比较难的专业。

3.6 项目训练三

学生直接面对市场需求,消化课堂所学知识,同时加强学生社会实践设计能力,激发学生的创作热情,完成个人网站标志设计,设计要求如下。

① 根据个人网站特色,自主搜集相关素材。
② 大气简约,容易赢得用户信任。
③ 标志可以采用图形或图文多种设计风格。
④ 熟练使用 Photoshop CC 相关工具,掌握其操作技巧和重要环节,完成创作。

项目 4

包装制作

包装的主要功能首先是保护商品,其次是美化商品和传达相关信息。随着生活水平的日益提高,人们不再只满足于生活上的温饱,对商品也是越来越挑剔,包括注重商品的外包装。好的包装设计除了要遵循设计的基本原则,还要着重研究消费心理,符合消费者心理需求才能使该产品从同类商品中脱颖而出,达到预期的效果。

重点提示:

包装的设计步骤
路径、通道与蒙版的应用

4.1 任务 1 奶油冰激凌包装制作

4.1.1 主题说明

商品包装是商品的"无声推销员",它最直接的目的是激发消费者的购买欲望。因此制订商品包装计划时首先考虑的就应该是这个目的。其次,即使消费者不准备购买此种商品,也应使他们通过对包装的第一印象,产生对该产品及生产厂家良好的印象。学生能运用各种手法制作出既美观又具有实用价值的包装,提高学生的设计实践水平。下面通过制作奶油冰激凌包装盒来掌握包装设计的方法与流程。

4.1.2 项目实施操作

1. 制作奶油冰激凌包装背景

(1)执行"文件 | 新建"命令,新建背景文件(宽×高:16 厘米×10 厘米,模式:RGB,分辨率:300 像素/英寸,背景:白色),弹出如图 4-1 所示的对话框。

(2)选择工具箱中的"渐变工具",打开"渐变编辑器"对话框,从左到右依次设置渐变颜色为"R11、G110、B193""R30、G130、B223""R71、G155、B220""R166、G213、B235"如图 4-2 所示,单击"确定"按钮,选择"线性渐变"从上到下创建填充,如图 4-3 所示。

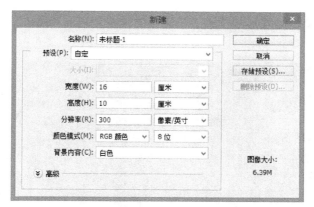

图 4-1 "新建"对话框

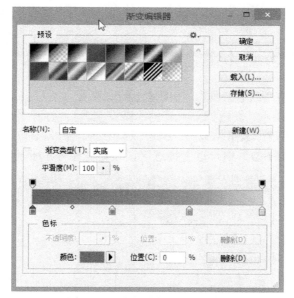

图 4-2 "渐变编辑器"对话框

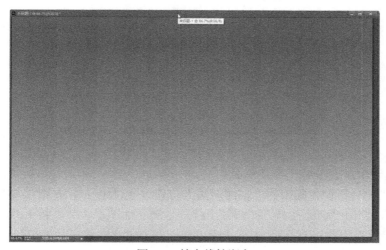

图 4-3 填充线性渐变

（3）打开素材：项目 4 素材及效果文件\素材\云朵.psd 文件，使用"移动工具"将其拖至当前图像文件中,并从近处至远处调整 3 个云朵的填充分别为"80%"、"60%"及"40%",如图 4-4 所示。

图 4-4 填充云朵颜色

(4)选择工具箱中的"钢笔工具",在图像上绘制路径,然后按下"Ctrl+Enter"组合键将路径生成选区。新建"图层 2",选择工具箱的"渐变工具",打开"渐变编辑器"对话框,从左到右依次设置渐变颜色为"R38、G225、B28"及"R10、G96、B47",如图 4-5 所示进行"径向渐变"填充,按下"Ctrl+D"组合键去掉选区,效果如图 4-6 所示。

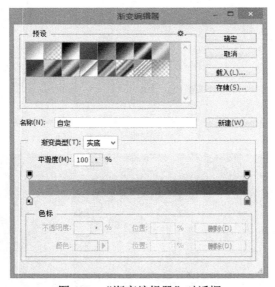

图 4-5 "渐变编辑器"对话框

2. 制作奶油冰激凌包装正面及侧面

(1)单击"图层"调板底部的"创建新组"按钮创建"组 1",在组 1 中新建图层并命名为"包装正面",使用"钢笔工具"在图像上绘制包装正面图形,然后按下"Ctrl+Enter"组合键将路径生成选区,如图 4-7 所示。从上到下填充选区颜色为"粉红色(R242、G173、B204)"到"白色(R255、G255、B255)"的"线性渐变",按下"Ctrl+D"组合键去掉选区,效果如图 4-8 所示。

图 4-6　绘制路径并填充颜色

图 4-7　绘制包装正面图形形状

图 4-8　包装正面图形颜色填充

（2）新建图层并命名为"包装侧面"，采用相同的方法绘制图像，如图 4-9 所示，绘制完成后保持选区，新建图层并命名为"侧面阴影"，选中"侧面阴影"图层，填充选区颜色为"深灰色（R9、G54、B102）"到透明色的"线性渐变"，然后取消各选区，设置"图层混合模式"为"正片叠底"，效果如图 4-10 所示。

图 4-9　绘制包装侧面图形

图 4-10　包装正面图形侧面阴影

3．制作奶油冰激凌包装顶面

（1）新建图层并命名为"包装顶面"，使用"钢笔工具"绘制形状，使用"渐变工具"进行"线性填充"，填充选区颜色为"紫红色（R219、G153、B193）"到"紫灰色（R231、G62、B144）"，然后按下"Ctrl+D"组合键去掉选区，效果如图 4-11 所示。

图 4-11　创建包装盒顶面选区

（2）使用工具箱中的"钢笔工具"，在图像上绘制曲线路径，将路径转换为选区，并填充"紫灰色（R231、G62、B144）"到透明色的"径向渐变"，然后取消选区，效果如图4-12所示。

图4-12　绘制包装盒顶面路径及填充颜色

（3）新建图层并命名为"包装顶面2"，创建选区并填充选区颜色为"深紫色（R181、G74、B129）"，然后取消选区，如图4-13所示。

图4-13　创建包装盒顶面2

（4）新建图层并命名为"侧面阴影2"，然后在图像上建立三角形选区，填充选区颜色为"灰色（R185、G185、B184）"到"白色（R255、G255、B255）"的"线性渐变"。新建图层并命名为"侧面阴影3"，采用相同的方法绘制阴影图形，如图4-14所示。绘制完成后新建图层并命名为"包装侧面2"，使用"钢笔工具"绘制图形，并填充选区颜色为紫红色（R231、G62、B144），然后取消选区如图4-15所示。

4．制作奶油冰激凌包装图案

（1）新建图层并命名为"白底"，使用"钢笔工具"绘制形状，绘制完成后将路径转换为选区并填充"白色（R255、G255、B255）"，然后按下"Ctrl+D"组合键去掉选区，效果如图4-16所示。

图 4-14　包装盒侧面阴影 3

图 4-15　包装盒侧面形状

图 4-16　绘制白色形状

（2）打开素材：项目 4 素材及效果文件\素材\01.jpg，使用"移动工具"将其拖至当前图像文件中，按下"Ctrl+T"组合键进行自由变换操作，在该图层上按下"Ctrl+Alt+G"组合键创建剪贴蒙版，效果如图 4-17 所示。

图 4-17 创建剪贴蒙版

（3）打开素材：项目 4 素材及效果文件\素材\04.png、05.png，使用"移动工具"将其拖至当前图像文件中，使用"移动工具"调整素材位置，按下"Ctrl+T"组合键进行自由变换操作，效果如图 4-18 所示。

图 4-18 调整正面图案

（4）使用工具箱中"直排文字蒙版工具"创建文字，选择工具箱中的"渐变工具"设置文字渐变效果，选择系统中的"色谱"渐变类型进行渐变颜色填充，并使用"Ctrl+T"组合键进行自由变换操作，效果如图 4-19 所示。

图 4-19 直排文字蒙版

（5）打开素材：项目 4 素材及效果文件\素材\06.png、07.png，使用"移动工具"将其拖至当前图像文件中，按下"Ctrl+T"组合键进行自由变换操作，调整其位置，设置"图层混合模式"为"正片叠底"，效果如图 4-20 所示。

图 4-20　调整条形码及文字

（6）单击"图层"调板底部的"添加图层样式"按钮，选择"投影"命令设置投影效果，投影选项参数设置如图 4-21 所示，最终效果如图 4-22 所示。

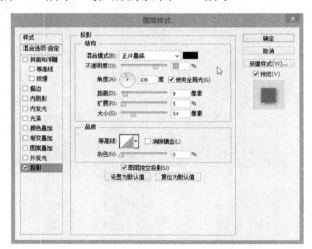

图 4-21　投影选项参数设置

图 4-22　投影效果

5. 制作奶油冰激凌黄色包装盒

(1) 复制"组 1",将其重命名为"组 2",生成第二个包装盒,更改包装盒颜色为"黄色(R245、G221、B90)",效果如图 4-23 所示。继续更改包装盒顶面,其渐变颜色设置为"橙色(R241、G130、B11)"到"黄色(R245、G221、B90)",效果如图 4-24 所示。

图 4-23 绘制第二个包装盒并填充颜色

图 4-24 包装盒顶面颜色渐变

(2) 打开素材:项目 4 素材及效果文件\素材\09.png、10.png,使用"移动工具"将其拖至当前图像文件中,按下"Ctrl+T"组合键进行自由变换操作,效果如图 4-25 所示。

图 4-25 调整黄色包装盒素材

（3）选择"组 1"的投影效果，按住"Alt"键将投影效果快速复制至"组 2"，效果如图 4-26 所示。

图 4-26　黄色包装盒投影效果

（4）使用工具箱中的"移动工具"适当调整两个包装盒的位置，效果如图 4-27 所示。

图 4-27　两个包装盒效果

（5）适当添加其他素材，使用工具箱中的"移动工具"适当调整素材位置，最终效果如图 4-28 所示。

图 4-28　奶油冰激凌包装最终效果

4.1.3 总结与点评

包装是品牌理念、产品特性、消费心理的综合反映，能够直接影响消费者的购买欲。所以，包装是建立产品与消费者亲和力的有力手段。通过奶油冰激凌包装设计，大家要掌握 Photoshop CC 路径相关的技术手段，同时也要选用合适的包装材料，运用巧妙的工艺技术，为包装商品进行容器结构造型和包装美化装饰设计。

4.2 任务2 月饼盒包装制作

4.2.1 主题说明

月饼盒包装设计是以品牌、文化为本位，以美学、形式为基础，以工艺为导向的设计，我们应该把月饼盒包装设计作为一种文化形态来对待,把月饼盒包装设计活动作为一种文化现象来传承,它不仅是简单的物质功能的满足和精神需求的满足,我们所做的应该是设计本土化。本节通过月饼盒包装设计，使读者深入地了解 Photoshop CC 软件的强大功能和操作技巧，把所学到的理论知识运用到具体的实践创作之中，充分发挥创造性思维，并且能够很好地解决在创作过程中遇到的难点。

4.2.2 项目实施操作

（1）执行"文件｜新建"命令，新建背景文件（模式：RGB，宽×高：155 毫米×208 毫米，分辨率：120 像素/英寸），弹出如图 4-29 所示的对话框。按下"Ctrl+R"键打开标尺，拖出参考线，宽度=正面宽 121 毫米+左右侧面各 14 毫米+左右出血各 3 毫米=155 毫米；高度=正面高 174 毫米+上下高各 14 毫米+上下出血各 3 毫米=208 毫米，如图 4-30 所示。

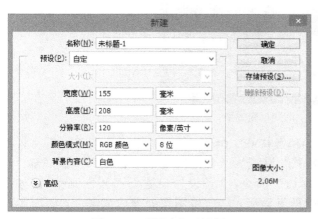

图 4-29 "新建"对话框

图 4-30 拖出参考线

（2）单击"图层"调板底部的"创建新的填充和调整图层"按钮，选择"渐变"命令（线性，反向，从左至右颜色值分别为2f0809、4e1607、c25200、ffc000），"渐变填充"对话框如图4-31所示，"渐变编辑器"设置如图4-32所示，填充效果如图4-33所示。

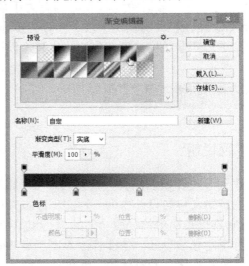

图4-31　"渐变填充"对话框　　　　图4-32　"渐变编辑器"对话框

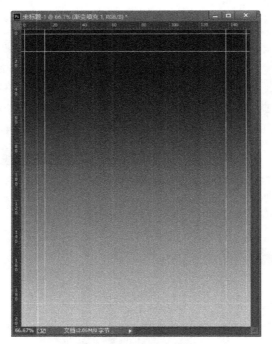

图4-33　渐变填充效果

（3）打开素材：项目4素材及效果文件\素材\001.psd文件，使用"移动工具"将素材拖入图像窗口，得到图层1，"图层混合模式"设置为"柔光"，单击"图层"调板底部"创建新的填充和调整图层"按钮，选择"黑白"命令，"预设"设置为"蓝色滤镜"，如图4-34所示。按下"Ctrl+Alt+G"组合键创建剪贴蒙版，从而将图像处理成为单色，如图4-35所示。

项目4 包装制作

图 4-34 "黑白"命令预设

图 4-35 图像处理成单色

（4）选择"椭圆工具"（在工具属性栏中设置为"像素"），"前景色"设置为"黄色"，按住"Shift"键绘制正圆，设置该层的"图层混合模式"为"叠加"，效果如图 4-36 所示。单击"添加图层蒙版"按钮，使用工具箱中"渐变工具"，在工具属性栏中选择"线性渐变"（黑、白），从左上方至右下方绘制渐变，效果如图 4-37 所示。

图 4-36 叠加模式效果

图 4-37 绘制渐变效果

（5）单击"图层"调板底部的"添加图层样式"按钮，选择"外发光"命令（大小为45像素），效果如图4-38所示，复制该层得到"图层副本"，再次复制得到"图层副本2"，将该层的"图层混合模式"设置为"正常"，将该层的"不透明度"设置为"80%"，效果如图4-39所示。

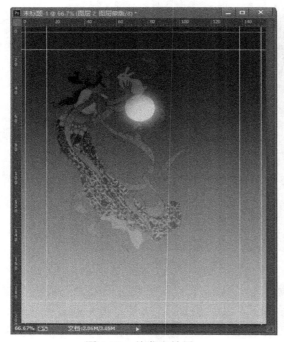

图4-38　外发光效果　　　　　　　　　　图4-39　复制图层效果

（6）使用工具箱中的"移动工具"，快速合成项目4素材及效果文件\素材\002.psd文件，执行"编辑｜描边"命令，弹出"描边"对话框，设置描边参数，如图4-40所示。使用工具箱中的"魔棒工具"选中"002.psd"图片的黑色部分，按下"Delete"键将其删除，效果如图4-41所示。使用工具箱中的"移动工具"，快速合成项目4素材及效果文件\素材\003.psd、004.psd、005.psd文件，并适当设置图片效果，如图4-42所示。

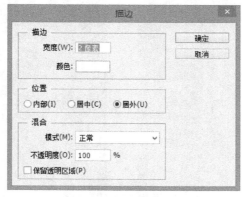

图4-40　描边参数设置

图 4-41　云彩描边效果　　　　　　　　　图 4-42　移入荷花效果

（7）使用工具箱中的"移动工具"，快速合成项目 4 素材及效果文件\素材\006.psd、007.psd 文件，选中合成项目的图层，单击鼠标右键，从快捷菜单中选择"栅格化图层"命令，使用工具箱的"渐变工具"，渐变编辑器参数设置如图 4-43 所示，在"工具属性栏"中选择"对称渐变"，并对文字进行黑白渐变，如图 4-44 所示。

图 4-43　渐变编辑器参数设置　　　　　　　图 4-44　对文字进行黑白渐变

（8）执行"文件 | 新建"命令，新建背景文件（模式：RGB，宽×高：1024 像素×1000 像素，分辨率：72 像素/英寸），使用工具箱中的"移动工具"，快速合成项目 4 素材及效果文件\素材\008.psd，使其成为背景图片，如图 4-45 所示。对步骤 7 中最后形成文件的所有图层执行"图层 | 合并可见图层"命令，并将其命名为"月饼平面图合并图层"。使用"矩形选框工具"绘制选区，如图 4-46 所示，并使用"移动工具"快速将其合成到背景图片中，如图 4-47 所示。

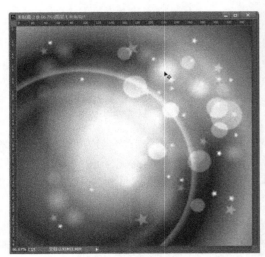
图 4-45　背景图片

图 4-46　矩形选框

图 4-47　矩形选框所选内容合成到背景

（9）使用"矩形选框工具"绘制如图 4-48 所示矩形选框，按下"Ctrl+T"组合键，单击鼠标右键，从弹出的快捷菜单中选择"斜切"命令，如图 4-49 所示，对其进行变形操作，如图 4-50 所示。继续单击鼠标右键，从弹出的快捷菜单中选择"缩放"命令，对其进行变形操作，如图 4-51 所示。

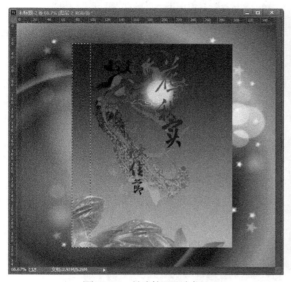

图 4-48　绘制矩形选框

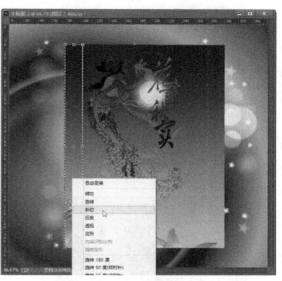

图 4-49　选择"斜切"命令

图 4-50　"斜切"效果

图 4-51　"缩放"效果

（10）使用"钢笔工具"绘制如图 4-52 所示矩形路径，单击"路径"调板底部的"将路径作为选区载入"按钮，将路径转换为选区，如图 4-53 所示。适当设置前景色并进行填充，使用"直线工具"绘制相应的交接线，如图 4-54 所示，单击"图层"调板底部的"添加图层样式"按钮，执行"投影"命令，适当设置参数，添加投影效果，如图 4-55 所示。

（11）使用"移动工具"按住"Alt"键，快速复制图像，月饼盒包装最终效果如图 4-56 所示。

图 4-52　绘制矩形路径

图 4-53　路径转换为选区

图 4-54　前景色填充效果

图 4-55　投影效果

图 4-56　月饼盒包装最终效果

4.2.3 总结与点评

月饼盒包装设计来源值得人们探求。民族文化是一种流传久远而又包罗万象的精神存在，具有整体性的精神特质，中国的历史源远流长，众多的民族文化故事和传统图案既是设计的源泉，也是设计所受的地域性限制的特定文化背景，这种文化背景具有深层文化结构，它保留了一个民族所共同的东西。

4.3 包装制作相关知识

4.3.1 包装的定义及分类

1. 包装的定义

可以这么说，自从有产品的那一天起，就有了包装。包装已经成为现代商品生产不可分割的一部分，也成为商家竞争的武器，各厂商纷纷以"全新包装，全新上市"吸引消费者，绞尽脑汁，不惜重金，以期改变其产品在消费者心中的形象，从而提升企业自身的形象。而今，包装已融合在各类商品的开发设计和生产之中，几乎所有的产品都需要通过包装才能成为商品进入流通过程。

包装是一个国际化的课题，世界各国对包装的定义略有不同。下面列举不同国家对包装的定义。

- 中国的包装定义：包装是为在流通过程中保护产品，方便运输，促进销售，按一定技术方法而采用的容器、材料及辅助物等的总体名称。
- 英国的包装定义：包装是为货物的运输和销售所做的艺术、科学和技术上的准备工作。
- 美国的包装定义：包装是为产品的运出和销售所做的准备行为。

可以看出，上述定义都是围绕着包装的基本功能来论述的。通常，包装要做到防潮、防挥发、防污染变质、防腐烂，在某些场合中，还要防曝光、氧化、受热或受冷及不良气体的损害等。常见的商品，大到电视机、冰箱，小到钢笔、图钉、光盘等，都有不同的包装形式，这些都属于包装设计的范围之内。

2. 包装的分类

以机能分类：包装可以分为内销包装、外销包装、特殊包装（军用品、工艺品、珍贵文物、美术品等）。

以材料分类：包装可以分为木箱包装、纸箱包装、塑料包装、金属包装、玻璃包装等。

以内容物分类：包装可以分为食品包装、药品包装、五金包装、衣料包装，以及液体包装、固体包装、粉状包装等。

以包装技术分类：包装可以分为防水包装、缓冲包装、真空包装、压缩包装、通风法包装等。

4.3.2 包装设计与消费心理

1. 包装对消费心理的影响

引起消费动机。当人们进入超市或大商场时，首先映入眼帘的便是琳琅满目的商品，它借助艳丽的外衣，精美的装潢而讨得人们的欢心，使人们不自觉地接近它、赏识它，最后去拥有它。包装设计最直接的目的是刺激消费者进行购买，制订商品包装计划时首先考虑的就应该是这一目标。其次，即使消费者不准备购买此种商品，也应促使他们对该产品的品牌、包装、商标及产品生产商产生好的印象。消费者决定花钱购买东西的行动是在某种动机推动下进行的，人们的行动一般都是由一定的主观内部原因即动机支配进行，而动机又与需要密切相关。动机是由人的需要转化而来的，但是人的需要不一定全都能转化为推动人去行动的动机。

包装满足消费者购买需求。消费者购买商品，商品包装不仅能够满足消费者物质需要，也能满足其社会和精神需要。例如，包装在衣食住行上无所不在，包装设计就是为了促进消费者的购买欲望，同时满足消费者的物质需要。各种书籍包装、杂志包装让消费者在满足精神上的需要同时又满足了视觉上的需要。消费者的购买行为有时是由一种动机支配的，有时是由多种复杂动机综合支配的，这些动机往往交织在一起构成购买行为体系。满足精神、社会需要的动机常常伴随满足生理、物质需要的动机。例如，经济收入低的消费者往往只注重商品的使用价值，对商品的要求是物美价廉，这是由一种购买动机支配的购买商品的行为。而经济收入丰厚的消费者往往对商品包装的品质更为讲究。消费者的需要是由低级的生理需要得到基本满足后向高级的精神、社会需要发展的。

2．消费心理在包装中的运用

方便与实用心理。消费者的心理是营销的最大市场，消费者心理的多元性和差异性决定了商品包装必须有多元的情感诉求才能吸引特定的消费群体产生预期的购买行为。消费者追求方便，例如，透明或者开窗式包装的食品可以方便挑选，组合式包装的礼品盒可以方便使用，软包装饮料可以方便携带等。包装的方便易用增添了商品的吸引力，追求方便是消费者普遍的消费心理。消费者以追求商品的"实用"和"实惠"等实际使用价值为主要目的，消费者选购商品注重商品的量和效用，追求经济实惠、经久耐用、物美价廉、货真价实。消费行为较为稳定，不易受外界因素影响，此类包装设计要明确表示出商品的商标、成分、计量、价格、使用说明，使消费者一目了然。那些"形式大于内容"的过度包装产品，即使能够吸引到消费者偶然的购买也难以赢得消费者的忠诚，缺乏长远发展的动力。

新颖与美观心理。消费者以追求商品包装新颖、时髦为主要目的一种心理，此类心理的消费者多为青年人，他们富有朝气、追逐潮流、易受外界因素影响，选购商品时注重商品的装潢、色彩、款式，不太注意商品是否实用和价格高低，往往被商品包装的时髦和新奇所吸引，产生购买动机。在饮料包装设计中，一般采用绿色和蓝色等冷色调，而美国可口可乐包装一反常规采用大红色调，具有引起消费者兴奋的色彩心理特征，强烈吸引消费者注意，消费者感到可口可乐包装设计的新颖、刺激、难以忘怀，使可口可乐畅销世界各地。精美的包装能激起消费者高层次的需求，具有艺术魅力的包装对消费者而言是一种美的享受。精美的包装可以促使潜在的消费者变为忠实的消费者。

4.3.3　包装设计步骤

1．与客户沟通

接到包装设计任务后，设计师不能盲目地开始着手设计，应该先与客户充分地沟通以了解详细的需求。

- 了解产品本身的特性：如产品的重量、体积、防潮性及使方法等，各种产品有各自的特点，要针对产品的特性来选择应该使用的材料与设计的方法。

- 了解产品的使用者：消费者有不同的年龄层次、文化层次、经济状况，因而导致他们对商品的认购差异，那么产品就得有一定的针对性才能准确地定位包装设计。
- 了解产品的销售方式：产品只有通过销售才能成为真正意义上的商品，在商场或超市的货架上销售，也有其他直销形式等，那么在包装形式上就应该有区别。
- 了解产品的经费：对经费的了解直接影响包装设计的预算成本，因此需要了解产品的售价、包装和广告费用等，消费者最喜欢商家把成本降到最低。
- 了解产品背景：首先应了解消费者对包装设计的要求，其次要掌握企业识别的有关规定，最后应明确产品是新产品还是换代产品，该公司有无同类产品的包装等。

2. 市场调研

市场调研是包装设计前的一个重要环节，设计师只有通过市场调研才能对产品从总体上把握，这样对制订出合理的包装设计方案有很大帮助。市场调研包括：首先，了解产品的市场需求，设计师应该从市场需求出发挖掘目标消费群，从而制定产品的包装策略。其次，了解包装市场现状，根据目前包装市场现况及发展趋势加以评估，设计出最受欢迎的包装形式。有必要对同类产品的包装进行了解，既要了解同类产品的竞争形势，又要从各个角度去分析调查，设计出最合理的包装作品。

3. 制订包装设计计划

设计师通过对以上的信息收集与分析之后，做出合理的包装设计计划、工作进度表与计划书。

4.3.4 包装的视觉传达设计

视觉系统是人接触外界信息最常用的器官，人类 80%的有感知觉是由视觉形成的，视觉能将现象进行理性的分析、联想、感受与理解。

文字在形成的初始阶段，人们将事物形象化，从而产生了象形文字，如"山、水、日、月、鱼"等，这些象形文字成为了人们视觉传达的要素。随后，象形文字与图形相结合形成新的文字样式，这种结合被称为"图画语言"，"图画语言"具有形状的特征，它能够帮助人们从中感受到文字的内容和含义。

文字与形状的选择取决于其内容表现是否贴切。为了使文字、图形产生更丰富的视觉效果，必须加上多样化的色彩，作为视觉传达的要素来弥补文字或图形所表现的不足之处，所以，文字、图形、色彩是视觉传达设的三大表现要素。除了表现要素本身，视觉传达设计要达到传递信息准确、贴切，必须具备良好的可视性。因此，文字、图形、色彩的构成形式又被称为编排设计，也应作为视觉传达设计的要素之一。

设计的本意是指描绘、色彩、构图、创意等，由拉丁文（Designara）演化而来，原指为达到某种新境界所做的程序、细节、趋向、过程，用于满足不同的需求。设计是包含艺术性的一类创造性活动，设计的定义、范围、功能因对象而异，随时代、文化背景的变化而改变。

设计就个人来说是个人意志的表现，只有研究、掌握设计的不同图形、色彩、材质等，从视觉的机能出发，通过追求完美的创造性活动，把构想与感受用适当的视觉形式传达给观赏者，以达到沟通与共识，形成视觉设计升华的原动力。

在包装设计中，图形、文字、色彩的设计都具有重要作用，在很大程度上影响人们对某种包装商品的直观判断。

商标、文字、色彩、装饰纹样等各类图形化的形象,归纳起来可统称为图文并茂的信息,在这类信息中所包含的意蕴可因包装、产品种类不同而变化,但却都要表达两层意义:一是应传达的内容是什么。二是所传达的对象是什么人。首先必须根据商品战略(以市场调研为依据)构成独特的创意,其次是选择最有效、最恰当的信息传达方式。

4.3.5 包装设计赏析

- 扩大销售之包装形式有成套包装、配套包装和系列包装,成套包装如图 4-57 所示,配套包装如图 4-58 所示,系列包装如图 4-59 所示。

图 4-57 成套包装

图 4-58 配套包装

图 4-59 系列包装

系列包装又称"家族式"包装,是现代包装设计较为普遍、较为流行的形式。系列包装是以一个企业不同种类的产品,用一种共性特征来统一设计,可用特殊的包装造型特点、形状、色彩、图案、标识等统一设计,形成一种统一的视觉形象。这种设计的好处在于,既有多样的变化美,又有统一的整体美。在货架陈列中效果强烈,使消费者容易识别和记忆,并能缩短设计周期,便于商品新品种发展设计,方便制版印刷,起到增强广告宣传的效果,强化消费者的印象,扩大影响,树立产品特点的个性和确立品牌的特征。

- 礼品包装如图 4-60 所示。

图 4-60 礼品包装

礼品在我们的生活中是美好情感的精神载体，也是情谊往来交流的"纽带"。礼品包装作为商品包装中的一类，除了必须达到包装的基本功能，所体现的精神价值已经远远超过商品本身的物质价值，因此如何借助礼品包装来体现"礼"的含义是值得研究的。

礼品包装以"情"作为诉求点，以"沟通"作为设计的目的，以商品的内容与设计的形式相互整合来提升"礼"的品位。礼品包装除了专为节日庆典而进行的设计，更多的是为消费者赠送方便而设计的。

- 果汁饮料包装如图 4-61 所示。

图 4-61　果汁饮料包装

上述产品是由墨西哥北部的一家大型饮料生产商生产加工的，该生产商主要从事饮料生产与销售。

1. 原包装改装的原因

原包装的设计过于成人化，黑色的标贴对儿童消费者缺乏吸引力，插图与果汁形象不符，印刷的纸质过于陈旧。

2. 再设计的目的及构思

设计师和生产商认为新包装要富有一种丰富、亮丽的色彩，充满新鲜、活力和动感的外表，用卡通角色来激发目标消费者的兴趣，使产品具有强烈的视觉冲击力。改进陈旧的印刷方式，更换材质，以适应改换包装后的设计效果。

设计师提供了很多标志的构思，将水果口味的各种明快色彩与其他不同元素相融合。他们还设计了一系列角色形象，如猫儿家族，角色形象具有流行的电子游戏和现代卡通的鲜明特色，顽皮且充满活力，猫儿家族在包装上有各种不同的表现，把欢快的乐趣发挥到了极致，如图 4-62 所示。

图 4-62　猫儿家族标志设计

3. 最终效果

根据生产商的调查报告表明，如图 4-63 所示的新包装，推出的同时还进行了大量的推广促销活动和传媒广告的宣传，大约半年的时间，饮料的销售额提高了一倍。

图 4-63　饮料包装最终设计效果

4.4　Photoshop CC 相关知识

4.4.1　路径的应用

4.4.1.1　矩形工具

"矩形工具"可以绘制出矩形或正方形的图形和路径。选择"矩形工具"直接在新建文件中按住鼠标左键并拖曳，出现矩形图形或路径。按住"Shift"键可以绘制出正方形，按下"Shift+U"组合键可以相互切换绘制图形工具。选择"矩形工具"后属性栏的状态如图 4-64 所示。

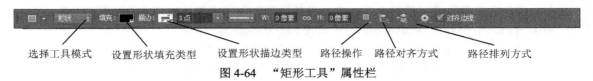

图 4-64　"矩形工具"属性栏

"矩形工具"属性栏的主要选项含义如下。

- 形状：创建形状图层可以绘制出带有路径的矩形或正方形，填充选择"蓝红黄"渐变，描边选择"洋红色"，在"图层"调板中自动生成"矩形 1"图层，如图 4-65 所示。

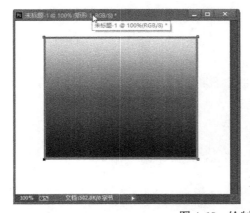

图 4-65　绘制矩形

- 路径：创建矩形或正方形工作路径，只在"路径"调板中生成路径，如图4-66所示。

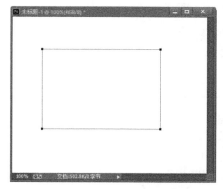

图4-66　生成路径

- 像素：在选中的图层中，绘制矩形或正方形，会在"图层"调板中自动生成新图层，默认颜色为前景色，绘制图形不可以放大，放大后影响图形质量，如图4-67所示。

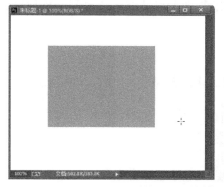

图4-67　绘制"像素"图形

- 选择绘制图形选项：单击不同的工具可以绘制相应的图形或路径。
- 运算模式：除"形状区域"外，其他的选项均需要两个以上的图形或路径才可以激活使用。它们分别是形状区域、添加到形状区域、从形状区域减去、交叉形状区域、重叠形状区域。
- 样式：单击选项右侧的三角形按钮可以选择相应的样式或没有样式。
- 颜色：随着前景色的改变而改变，单击进入可更改颜色。

4.4.1.2　椭圆工具

"椭圆工具"可以用来绘制椭圆形、圆形、椭圆形路径或圆形路径。按住"Shift"键可以绘制正圆形，按住"Shift+U"组合键可以相互切换绘制图形工具。选择"椭圆工具"后属性栏的状态如图4-68所示。

图4-68　"椭圆工具"属性栏

"椭圆工具"属性栏的主要选项含义如下。

- 在"椭圆工具"中，形状图层、路径、像素、选择绘制图形等选项的使用方法和"矩形工具"相同。

- 模式：选择后可为图形添加效果，单击"三角形"按钮，弹出下拉列表，可选择其中的模式，得到 29 种不同的效果，如图 4-69 所示。

图 4-69　图层模式

- 不透明度：输入数值可改变绘制图形的不透明度，使绘制出的图形呈现半透明的状态，数值输入范围为 0%～100%。
- 消除锯齿：选择"消除锯齿"选项，使绘制圆形或曲线的边缘更加圆滑，不产生明显的锯齿；不选择"消除锯齿"选项，绘制圆形或曲线时边缘则会出现明显的锯齿。软件默认为选择"消除锯齿"选项。

4.4.1.3　多边形工具

"多边形工具"可以用来绘制各种多边形或多边形路径，如图 4-70 所示。

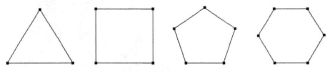

图 4-70　绘制各种多边形

绘制的多边形或多边形路径都是以中心向外拖曳鼠标得到图形，按下"Shift+U"组合键可以相互切换绘制图形工具，选择"多边形工具"后属性栏的状态如图 4-71 所示。

图 4-71　"多边形工具"属性栏

"多边形工具"属性栏的主要选项含义如下。

- 在"多边形工具"中，形状图层、路径、像素、选择绘制图形、运算模式、样式、颜色等选项的使用方法和"矩形工具"相同。
- 边：用来决定多边形的边数，数值输入范围为 3～100 之间的整数值。

单击"选择绘制图形"选项区中右侧的三角形，出现"多边形选项"调板，如图 4-72 所示。

图 4-72　"多边形选项"调板

"多边形选项"调板的主要选项含义如下。

- 半径：可以输入数值用来设置多边形的半径大小，其半径值为多边形的中心点至顶点的距离。
- 平滑拐角：不选择"平滑拐角"选项绘制出的多边形呈现钝角、直角或锐角的尖角；选择"平滑拐角"选项绘制出的多边形不出现尖角，而是变成曲线形，如图4-73所示。

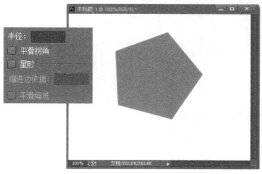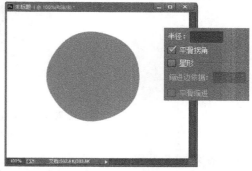

图4-73 "平滑拐角"选项效果对比

- 星形：选择"星形"选项可以绘制星形，选择即可激活以下选项。
- 缩进边依据：选择"星形"选项可以激活使用，输入数值设置缩进边，对多边形或星形缩进程度进行调整，数值输入范围为1%~99%。缩进值越大，缩进程度也就越大，如图4-74所示。

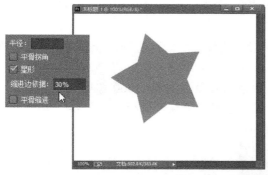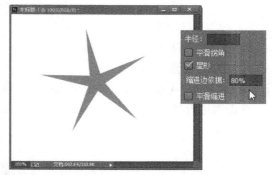

图4-74 "缩进边依据"选项效果对比

- 平滑缩进：不选择"平滑缩进"选项则缩进角为尖角，选择"平滑缩进"选项则缩进角为圆角，如图4-75所示。

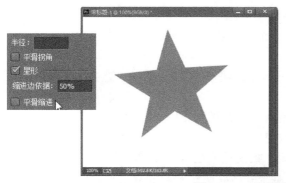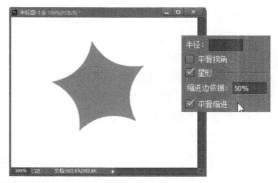

图4-75 "平滑缩进"选项效果对比

- 同时选择"平滑拐角""星形""平滑缩进"选项可以绘制出以曲线表现的多边形图形或路径，如图 4-76 所示。

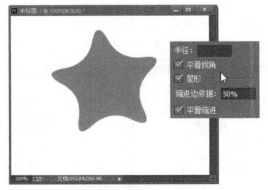

图 4-76　3 个选项同时选择的绘制效果

4.4.1.4　直线工具

"直线工具"可以用来绘制不同粗细、各种角度的直线、箭头、直线路径或箭头路径。按住"Shift"键可以绘制出水平、垂直或 45 度的斜线和箭头，按住"Shift+U"组合键可以相互切换绘制图形工具。选择"直线工具"后属性栏的状态如图 4-77 所示。

图 4-77　"直线工具"属性栏

"直线工具"属性栏的主要选项含义如下。
- 在"直线工具"中，形状图层、路径、像素、选择绘制图形选项、运算模式等使用方法和"矩形工具"相同。
- 粗细：输入数值后可以设定线条的粗细。数值输入范围为 1～1000 像素。

单击"选择绘制图形"选项区中右侧的三角形，出现"箭头"调板，如图 4-78 所示。

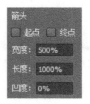

图 4-78　"箭头"调板

"箭头"调板的主要选项含义如下。
- 起点：单独选择"起点"选项将会绘制出一个箭头图形或箭头路径，箭头在线条之前，箭头方向按照拖曳的方向来定。
- 终点：单独选择"终点"选项将会绘制出一个箭头图形或箭头路径，箭头在线条之后，箭头方向按照拖曳的方向来定。
- 宽度：输入数值可以调整箭头的宽度，数值输入范围为 10%～1000%。
- 长度：输入数值可以调整箭头的长度，数值输入范围为 10%～1000%。
- 凹度：输入数值可以调整箭头的凹凸程度，数值输入范围为-50%～50%。

注意　无论用鼠标从什么方向拖曳，鼠标单击的位置为起点，拖曳后松开的位置为终点。

4.4.1.5 钢笔工具

使用"钢笔工具"可以绘制出直线或曲线的路径。如果绘制时,在工作区直接单击,可以增加一个节点并且绘制出直线的路径;如果绘制时,在单击的同时拖动鼠标,可以绘出曲线的路径。选择"钢笔工具"后属性栏的状态如图 4-79 所示。

图 4-79 "钢笔工具"属性栏

1."钢笔工具"属性栏的基本操作

"钢笔工具"属性栏的主要选项含义如下。

- 在"钢笔工具"中,形状图层、路径、像素、选择绘制图形选项、运算模式等使用方法和"矩形工具"相同。
- 自动添加/删除:选择"自动添加/删除"选项,"钢笔工具"经过路径时在没有锚点的地方光标自动显示"+";"钢笔工具"经过锚点时光标自动显示"-"。不选择"自动添加/删除"选项,"钢笔工具"经过路径或锚点时,光标没有变化,如图 4-80 所示。

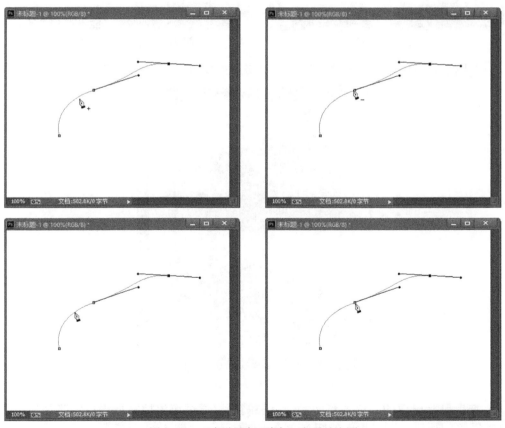

图 4-80 "自动添加/删除"选项对比图

2."钢笔工具"的基本操作

下面讲解使用"钢笔工具"抠图的方法。

（1）打开一张图片，如图 4-81 所示。

（2）选择工具箱中"钢笔工具"，并在属性栏中选择"路径"，沿着边缘开始绘制路径，如图 4-82 所示。

图 4-81　源图像

图 4-82　沿着边沿绘制路径

（3）在图形转折明显的地方添加锚点，单击后拖曳鼠标绘制曲线锚点，如图 4-83 所示。

图 4-83　拖曳鼠标绘制曲线锚点

（4）拖曳鼠标出现的曲线锚点两侧带有控制杆，通过调整控制杆来决定路径的位置，路径要紧贴图形的边缘，这样抠出的图形才会方便使用，如图 4-84 所示。

（5）路径绘制结束时将鼠标点在第一个锚点上，光标出现闭合路径的状态，单击或拖曳鼠标均可以闭合路径，如图 4-85 所示。

图 4-84　锚点的控制杆可以调整路径　　　　图 4-85　路径最终效果

绘制路径时如有要调整的地方，可以按住"Ctrl"键暂时切换成"直接选择工具"调整锚点和控制杆的位置。在绘制过程中按住"Alt"键，则可以将曲线锚点变成直线锚点，以便调整或变化路径的角度。

注意　使用"钢笔工具"抠图的时候要细致并注意图形不要留白边，要紧贴图形的边缘，否则将会影响最终的效果。

4.4.1.6　自由钢笔工具

"自由钢笔工具"在工作区中绘制路径，只要一直按住鼠标左键并同时拖动鼠标，就可以自动绘制出曲线路径，曲线的节点数随鼠标拖动的速度改变，鼠标拖动的速度越快，节点越少。"自由钢笔工具"可以绘制出较为自由的路径，使用方法类似于"套索工具"，但是它创建的是路径而不是选区。按下"Shift+P"组合键可以相互切换"钢笔工具"与"自由钢笔工具"。选择"自由钢笔工具"后属性栏的状态如图 4-86 所示。

图 4-86　"自由钢笔工具"属性栏

"自由钢笔工具"属性栏的主要选项含义如下。

- 在"自由钢笔工具"中，形状图层、路径、像素、选择绘制图形选项、运算模式等使用方法和"矩形工具"相同。
- 磁性：在图片中单击后，鼠标自动吸附图片对比强烈的区域，在光标移动的同时产生路径，并且可以自动放置锚点，按下"Enter"键停止或结束操作。此选项与"磁性套索"工具很像，在边缘清晰的图片中使用效果明显，如图 4-87 所示。

注意　"自由钢笔工具"绘制出的路径锚点较多，只适合用于边缘比较简单、光滑、与背景对比较强的图形。

图 4-87　磁性钢笔绘制的路径锚点较多

4.4.1.7 "添加锚点工具"和"删除锚点工具"

"添加锚点工具"用于在已创建路径上增加锚点，每单击一次添加一个新锚点。在新建文件中绘制一条路径，在没有锚点的路径上单击添加新锚点，如图 4-88 所示。

"删除锚点工具"可以删除路径已经存在的锚点，在锚点上单击一次删除一个锚点。在新建文件中绘制一条路径，在路径上有锚点的地方单击删除锚点，如图 4-89 所示。

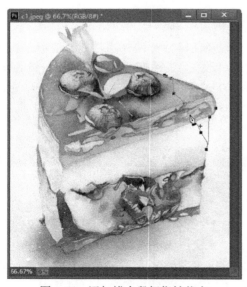

图 4-88　添加锚点鼠标指针状态　　　　　图 4-89　删除锚点鼠标指针状态

4.4.1.8 转换点工具

"转换点工具"可以改变锚点的属性，即把锚点转换成拐点或平滑点，然后拖动方位点来改变曲线的弧度。按下"Alt"键可以改变一侧曲线的方向，而不影响另一侧曲线的方向。下面介绍"转换点工具"的使用方法。

（1）在新建文件中绘制一个菱形路径，在选择"转换点工具"的状态下，鼠标不经过锚点时显示为"直接选择工具" ，单击"路径"选项激活路径锚点，如图 4-90 所示。

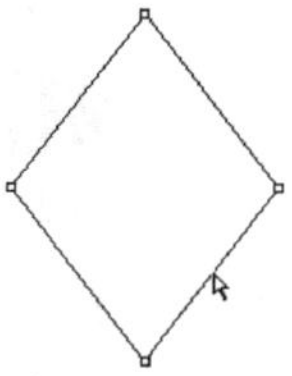

图 4-90　绘制菱形路径并激活锚点

（2）当鼠标放在锚点上时则显示为"转换点工具"，如图 4-91 所示。

图 4-91　鼠标指针显示

（3）拖曳鼠标将拐角锚点转换成为曲线锚点，拖曳控制杆可以调整曲线的光滑程度。拖曳鼠标时同时按住"Shift"键，可以形成对称曲线，如图 4-92 所示。

图 4-92　绘制对称曲线

（4）使用"转换点工具"调整控制杆可改变单击一侧的锚点状态，将原来的曲线锚点转换成为拐角锚点，并只可以调整单侧的曲线角度，如图 4-93 所示。

图 4-93　调整单侧曲线角度

4.4.1.9　路径选择工具

"路径选择工具"可以用来直接选择、复制或移动整个路径，如图 4-94 所示。

图 4-94　使用"路径选择工具"选择路径的状态

在画面中有两条以上路径时，按住"Shift"键可同时选中多条路径，按住"Alt"键移动路径可以对路径进行复制。选择"路径选择工具"后属性栏的状态如图 4-95 所示。

图 4-95 "路径选择工具"属性栏

"路径选择工具"属性栏的主要选项含义如下。
- 显示定界框：选择后路径的边缘出现矩形定界框，可拖曳调整路径的大小或自由变换路径，一般默认为不选择。
- 组合：可以将绘制出的两个或多个路径组合成一个路径，当画面有两条以上路径时方可激活使用。
- 路径对齐、排列工具组：可以对两个或两个以上的路径进行排列、对齐等操作。

4.4.1.10 直接选择工具

"直接选择工具"可以用来移动路径的锚点和线段，也可以调整锚点的控制杆改变路径形状。选择路径的锚点，拖动选中的锚点即可改变路径。按住"Shift"键可以同时选择多个锚点，如图 4-96 所示。

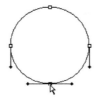

图 4-96 使用"直接选择工具"选择路径的状态

4.4.1.11 "路径"调板

"路径"调板用来管理绘制出的路径，可以对路径进行填充、描边、选区与路径互相转换、新建工作路径、保存路径、删除路径等操作。用户在图像编辑窗口中绘制一条路径后，执行"窗口｜路径"命令，将弹出"路径"调板，如图 4-97 所示。

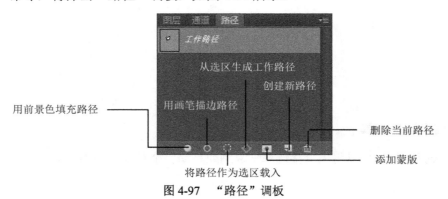

图 4-97 "路径"调板

1．"路径"调板的基本操作

"路径"调板的主要选项含义如下。
- 用前景色填充路径：以前景色填充当前工作路径。
- 用画笔描边路径：以前景色为当前工作路径进行描绘边缘。

- 将路径作为选区载入：可以将当前路径转换为选区。
- 从选区生成工作路径：可以将选区转换为路径。
- 创建新路径：可以创建一个新的路径。
- 删除当前路径：可以删除当前选择的路径。

2．"路径"调板的基本应用

下面讲解"路径"调板的一些具体基本操作方法。

- 为路径填充

绘制路径后可以为其填充颜色、图案等。选中路径后单击"路径"调板中的"用前景色填充路径"按钮，即可快速为路径填充前景色。或者在"路径"调板中选择一条路径单击鼠标右键，出现快捷菜单，如图4-98所示。选择"填充路径"命令即可弹出"填充路径"对话框，在对话框中可以选择填充相应的内容，如图4-99所示。

图4-98 "路径"下拉菜单

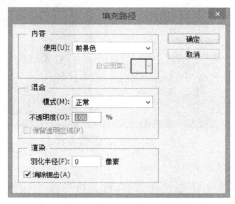
图4-99 "填充路径"对话框

- 为路径描边

绘制路径后可以为其进行描边，在"路径"调板中单击"用画笔描边路径"按钮，描边默认为"画笔工具"，颜色为"前景色"。也可在路径上单击鼠标右键选择"描边路径"选项，弹出"描边路径"对话框，单击工具列表框右侧三角可选择各种形式进行描边，如图4-100所示。"模拟压力"可以使路径两端的描边变成带有自然过渡，如图4-101所示。

图4-100 "描边路径"对话框

未使用"模拟压力"功能　　使用"模拟压力"功能

图4-101 "模拟压力"使用对比效果展示

- 路径与选区的相互转换

为了方便使用，经常会将路径与选区进行相互转换。将路径转换为选区，需要选中"路径",然后单击"路径"调板中的"将路径作为选区载入"按钮;或者使用"Ctrl+Enter"组合键即可快速将路径转换成为选区;按住"Alt"键同时单击相应路径可快速载入该路径的选区。选区转换成为路径则需要文件在有选区的情况下,单击"路径"调板中的"从选区生成工作路径"按钮即可。

在使用选区转换路径时,应注意转换后的路径必须手动调整其形状,尤其是带有曲线的路径,锚点会比较多。如正圆形的选区转换为路径后,路径的形状不够圆滑,有变形的情况出现,在使用时应多加留意,如图 4-102 所示。

图 4-102　选区转换为路径的效果

- 创建新路径

在新建文件中使用"钢笔工具"或"绘图工具"都可以绘制出新路径,在不选择其他路径或不新建路径层的情况下,软件默认的路径为"工作路径","工作路径"是 Photoshop CC 为所有新路径指定的默认名称,所以绘制的路径在一个路径层中。单击"路径"调板中的"创建新路径"按钮则可以创建新的路径层,如图 4-103 所示。单击鼠标左键不放,将某一路径拖曳到"创建新路径"按钮上,则可以复制该路径,如图 4-104 所示。

图 4-103　创建新路径层　　　　　　　图 4-104　快速复制路径

- 删除路径

在"路径"调板中选择要删除的路径,单击"路径"调板下右侧的"删除当前路径"按钮或直接选中路径单击鼠标左键直接拖曳到"删除当前路径"按钮上,即可删除路径,如图 4-105 所示。

图 4-105　删除当前路径

- 选择、保存或隐藏路径

单击"路径"调板中的路径可选择路径，双击"工作路径"可将当前工作的路径保存，单击"路径"调板的空白区域可隐藏选中的路径。

4.4.2　通道的应用

在 Photoshop CC 中，通道是一种非常重要的图像处理方法，它主要用来存储图像的颜色信息和图层的选择信息，每个通道都是一个拥有 256 级色阶的灰度图像。

1．通道概述

通道的主要功能是保存图像的颜色信息，一个 RGB 模式图像的每一个颜色信息数据由红（R）、绿（G）、蓝（B）3 个通道来记录，而这 3 个色彩通道组合定义后就合成了一个 RGB 主通道。

通道的其他功能是用来存储和编辑选区，也就是 Alpha 通道的功能。在 Photoshop CC 中，当选区被保存后，就会自动成为一个蒙版保存在一个新增的通道中，该通道会自动地被命名为 Alpha，如图 4-106 所示。

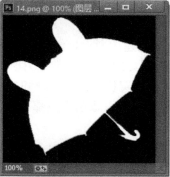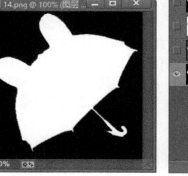

图 4-106　Alpha 通道

2. "通道"调板

"通道"调板用于创建、保存和管理通道。在"通道"调板中显示了图像的所有通道,首先是复合通道,其次是单个颜色通道、专色通道,最后是 Alpha 通道。

用户在图像编辑窗口中打开一幅图像后,执行"窗口|通道"命令,弹出"通道"调板,如图 4-107 所示。

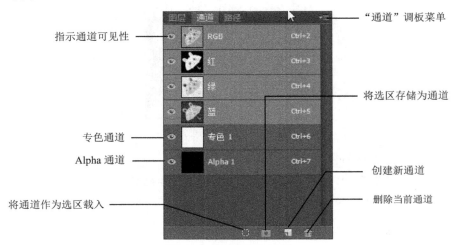

图 4-107 "通道"调板

"通道"调板的各主要选项含义如下。
- 指示通道可见性:可以控制通道的显示与隐藏,它是一个开关键。
- 专色通道:保存专色信息,在印刷时使用专色油墨。
- Alpha 通道:保存创建的选区和蒙版。
- 将通道作为选区载入:将通道中的高光区域当作选区载入到图像的编辑窗口中;按"Ctrl"键,单击某通道,也会将其当作选区载入到图像编辑窗口中。
- 将选区存储为通道:可以将当前选区存储为 Alpha 通道。
- 删除当前通道:可以将当前选择的通道删除。
- 创建新通道:可以在"通道"调板中创建一个新的 Alpha 通道。
- "通道"调板菜单:存储通道的相关操作。

3. 通道的类型

通道主要有 3 种类型,分别是颜色通道、Alpha 通道和专色通道,下面分别进行详细讲解。
- 颜色通道

颜色通道是在打开图像时自动创建的通道,它记录了图像的颜色信息。如果图像的颜色模式不同,则颜色通道数量也不相同。RGB 图像包含红、绿、蓝通道和用于编辑图像的复合通道;CMYK 图像包含青色、洋红、黄色、黑色通道和复合通道;Lab 图像包含明度、a、b 通道和复合通道;位图、灰度、双色和索引颜色图像都只有一个通道。下面分别是不同的颜色通道,如图 4-108 所示。
- Alpha 通道

在图像中创建选区后,可以将选区保存为通道,称为 Alpha 通道。Alpha 通道可以将选区存储为 8 位灰度图像,同时还可以使用 Alpha 通道创建并存储蒙版,这些蒙版可以处理、隔离和保护图像被隐藏的区域而不受任何编辑操作的影响。

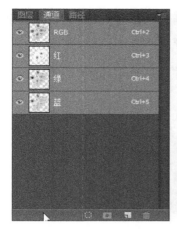  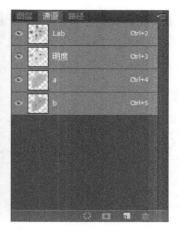

图 4-108　不同的颜色通道

在进行图像处理时，单击"通道"调板底部的"创建新通道"按钮，所创建的通道称为 Alpha 通道，Alpha 通道具有以下属性。

> 每一幅图像文件（除 16 位图像文件外）最多可以包含 24 个通道，包括所有的颜色通道和 Alpha 通道。
> 所有通道都是 8 位灰度图像，可以显示 256 个灰度色阶。
> 用户可以为每个通道指定名称、颜色、蒙版选项和不透明度。
> 所有新通道都具有与源图像相同的尺寸和像素数目。
> 用户可以使用工具箱的"绘画工具"、"编辑工具"和菜单栏的"滤镜"命令来编辑 Alpha 通道的蒙版。
> 用户可以将 Alpha 通道转换为专色通道。
> 在使用"绘图工具"对 Alpha 通道进行操作时，白色可以使绘制的区域添加到通道中，黑色可以使绘制区域从通道中删除。

● 专色通道

专色通道是一种特殊的混合油墨，每一个专色通道都有属于自己的印版，在对一张含有专色通道的图像进行印刷输出时，专色通道会作为一个单独的页被打印出来。

> 要新建专色通道，可以从调板的下拉菜单中选择"新建通道"命令，弹出"新建专色通道"对话框，设定相关参数后单击"确定"按钮即可。
> 在使用"绘图工具"对专色通道进行操作时，黑色可以添加"不透明度"为"100%"的专色；白色可以减少专色区域的范围；若使用灰色绘制，则可以添加"不透明度"较低的专色。

4．编辑通道

在使用 Photoshop CC 处理图像时，有时需要将通道进行拆分，对拆分出的通道分别进行修改和编辑，然后再将其合并以制作出特殊的图像效果。下面分别介绍分离通道与合并通道。

● 分离通道

用户可以将一幅图像的各个通道分离出来，使其各自作为一个单独的图像存在。分离后原始图像被关闭，每一个通道均以灰度颜色模式成为一个独立的图像。

选择需要分离通道的图像，然后单击"通道"调板中的"分离通道"命令，此时图像的每一个通道都会从原始图像中分离出来，同时原始图像会自动关闭，分离后的图像都以单独的窗口显示在屏幕上。分离后的图像都是灰度图像,不含有任何的色彩,其文件名称是以原始图像名称为基础再加上源通道的英文缩写来命名的,如图 4-109 所示。

原始图像

R 通道　　　　　　　　　G 通道　　　　　　　　　B 通道

图 4-109　原始图像与分离后的各通道

- 合并通道

分离后的通道经过编辑和修改后,还可以重新合并成一幅图像,也可以将任意 3 个灰度图像进行合并,从而得到奇妙的效果。

合并通道的具体操作步骤如下。

(1)打开 3 幅图像(图像的大小和分辨率必须相同),如图 4-110 所示。

图 4-110　打开 3 幅图像

（2）单击"通道"调板中的"合并通道"命令，弹出"合并通道"对话框，如图 4-111 所示。在"模式"下拉列表中选择合并后图像的颜色模式，可以是 RGB 模式、CMYK 模式、Lab 模式或多通道模式；在"通道"文本框中输入合并的通道数值，若为 RGB 模式，则"通道数值"为"3"，若为"CMYK 模式"，则"通道数值"为"4"。

图 4-111　"合并通道"对话框

（3）完成设置后单击"确定"按钮，此时将弹出"合并 RGB 通道"对话框，如图 4-112 所示，在该对话框中可以分别选择各单色通道对应的源文件。

图 4-112　"合并 RGB 通道"对话框

（4）设置好之后，单击"确定"按钮完成合并，效果如图 4-113 所示。

图 4-113　合并通道效果

注意　通道和图像要相对应，三原色选定文件的不同会直接影响图像合并后的效果。单击"合并 RGB 通道"对话框中的"模式"按钮可以回到上一级对话框。

5．通道计算

通道计算在 Photoshop CC 中是一个极有表现力的功能，使用通道计算功能可以将图像内部和图像之间的通道组合成新图像。它先在两个通道的相应像素上执行数学运算（这些像素在图像上的位置相同），然后在单个通道中组合运算结果。使用该命令可以制作出一些特殊效果。

● 应用图像

执行"图像 | 应用图像"命令，可以在源图像中选择一个或多个通道进行运算，然后将计算结果放到目标图像中，从而产生许多特殊的合成效果。

"应用图像"的具体操作步骤如下。

（1）打开 3 幅图像，分别为源图像、目标图像和蒙版图像，如图 4-114 所示。

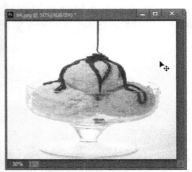

图 4-114　打开 3 幅图像

注　意　打开的 3 幅图像必须具有相同的大小和颜色模式。

（2）执行"图像 | 应用图像"命令，弹出"应用图像"对话框，如图 4-115 所示。

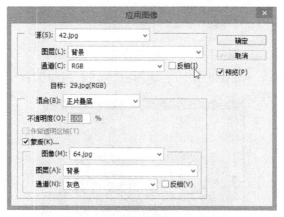

图 4-115　"应用图像"对话框

"应用图像"对话框的主要选项含义如下。
- 源：该选项显示的是当前打开的图像窗口，从中可选择一幅图像与当前图像混合，默认为当前图像。
- 图层：选择源图像中的图层参与计算。若没有图层，则只能选择"背景"选项；若有多个图层，则除了可以选择某一个图层，还可以选择"合并图层"选项，表示选定所有图层。
- 通道：选择源图像中的通道参与计算，勾选"反相"复选框，则将源图像反相后进行计算。
- 混合：选择图像的合成模式。
- 不透明度：用于设置合成图像的不透明度，调整合成透明效果。
- 保留透明区域：勾选该复选框后，只对不透明区域进行合并。若选择"背景"图层，则该复选框不能使用。
- 蒙版：勾选该复选框后，将弹出下级选项。在"图像"下拉列表中，可以再选择一个图像窗口的图层或通道作为蒙版来参与计算。

(3) 设置好各选项后，单击"确定"按钮，合成后的图像效果如图 4-116 所示。

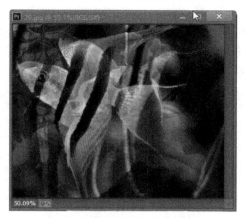

图 4-116　合成后的图像效果

注 意　源图像、目标图像和蒙版图像的不同，执行"应用图像"命令后，将出现不同的效果文件。

- 计算

执行"图像 | 计算"命令，可将一幅或多幅图像中的两个通道以各种方式混合，并能将混合的结果应用到一个新的图像或当前图像的通道和选区中，但"计算"命令不能混合复合通道。

使用"计算"命令与使用"应用图像"命令合成图像的方法基本类似，具体操作可按以下步骤进行。

(1) 打开 3 幅图像，分别为源图像、目标图像和蒙版图像，如图 4-117 所示。

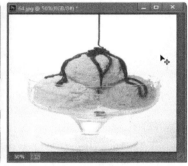

图 4-117　打开 3 幅图像

注 意　源图像、目标图像和蒙版图像的不同，执行"计算"命令后，将出现不同的效果文件。

(2) 执行"图像 | 计算"命令，弹出"计算"对话框，如图 4-118 所示。

"计算"对话框的主要选项含义如下。

- 源1：选择要参与计算的第一幅图像，系统默认为当前编辑的图像。
- 图层：选择要使用的图层。
- 通道：选择第一幅源图像要进行计算的通道名。
- 反相：用于反转。
- 源2：选择要参与计算的第二幅图像。

- 混合：选择图像的合成模式。
- 结果：选择如何应用混合模式结果。其中"新建通道"选项是将混合结果作为一个新的 Alpha 通道加载到当前编辑图像中；"新建文档"选项是将混合结果加载到一个新建的图像中，该图像只有一个通道，即混合后的通道；"选区"选项是将混合结果转换为一个选区加载到当前编辑图像中。

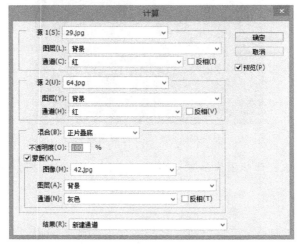

图 4-118　"计算"对话框

（3）设置好各选项后，单击"确定"按钮，合成后的图像效果如图 4-119 所示。

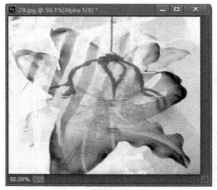

图 4-119　合成后的图像效果

4.4.3　蒙版的应用

在 Photoshop CC 中有一些具有特殊功能的图层，使用这些图层可以在不改变图层中原有图像的基础上制作出多种特殊效果，下面讲解特殊的图层——蒙版。

有蒙版的图层称为蒙版层。通过调整蒙版，可以对图层应用各种特殊效果，但不会实际影响该图层上的像素，应用蒙版可以使这些更改永久生效。

4.4.3.1　矢量蒙版

"矢量蒙版"是由"钢笔工具"或"形状工具"创建的，它通过路径和矢量形状来控制图像显示的区域，常用来创建 Logo、按钮、调板或 Web 设计元素。

下面讲解使用"矢量蒙版"为图像添加图形的方法。
(1) 打开一幅图片,如图 4-120 所示。

图 4-120　打开一幅图片

(2) 选择工具箱的"自定义形状工具",并在属性栏中选择"路径",单击"自定义形状拾色器"三角按钮,在弹出的下拉列表中选择"鱼",并拖动鼠标绘制"鱼"形状,如图 4-121 所示。

图 4-121　绘制"鱼"形状

(3) 执行"图层|矢量蒙版|当前路径"命令,基于当前路径创建矢量蒙版,路径区域外的图像即被蒙版遮盖,如图 4-122 所示。

图 4-122　添加矢量蒙版后的图像效果

4.4.3.2 蒙版的基本操作

下面学习蒙版的基本操作，主要包括新建蒙版、删除蒙版和停用蒙版等。

1．新建蒙版

单击"图层"调板底部的"添加图层蒙版"按钮，可以添加一个"显示全部"的蒙版，其蒙版内为白色填充，表示图层内的像素信息全部显示，如图4-123所示。也可以执行"图层｜图层蒙版｜显示全部"命令来完成此次操作。

图4-123　蒙版内为白色填充

执行"图层｜图层蒙版｜隐藏全部"命令，可以添加一个"隐藏全部"的蒙版，其蒙版内为黑色填充，表示图层内的像素信息全部被隐藏，如图4-124所示。

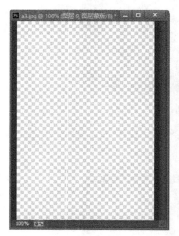 

图4-124　蒙版内为黑色填充

2．"删除蒙版"与"停用蒙版"

"删除蒙版"与"停用蒙版"的方法有多种。

● 删除蒙版

"删除蒙版"有以下3种方法。

➢ 选中图层蒙版，然后拖曳到"删除"按钮上，则会弹出删除蒙版对话框，如图4-125所示。单击"删除"按钮，蒙版被删除；单击"应用"按钮，蒙版被删除，但是蒙版效果会保留在图层上；单击"取消"按钮，则会取消这次删除命令。

图 4-125　删除蒙版对话框

- ➢ 执行"图层 | 图层蒙版 | 删除"命令，蒙版将被删除，但是蒙版效果会保留在图层上。
- ➢ 选中图层蒙版，按住"Alt"键，然后单击"删除"按钮，可以将图层蒙版直接删除。
- 停用蒙版
  - ➢ 执行"图层 | 图层蒙版 | 停用"命令，蒙版缩览图上将出现红色叉号，表示蒙版被暂时停止使用，如图 4-126 所示。

图 4-126　停用蒙版

- ➢ 按下"Shift"键的同时单击蒙版缩览图，可以在停用蒙版和启用蒙版状态之间切换。

4.4.3.3　快速蒙版

应用"快速蒙版"可以创建一个暂时的图像屏蔽，同时也会在"通道"调板中产生一个暂时的 Alpha 通道。它是对所选区域进行保护，使其免于被操作，而处于蒙版范围的区域则可以进行编辑与处理。

> 注　意　将"前景色"设置为"白色"，用"画笔工具"可以擦除蒙版（添加选区）；将"前景色"设置为"黑色"，用"画笔工具"可以添加蒙版（删除选区）。

4.4.3.4　剪贴蒙版

"剪贴蒙版"是一种非常灵活的蒙版，它可以使用下层图层中图像的形状来限制上层图像的显示范围，用户可以通过一个图层来控制多个图层的显示区域。"剪贴蒙版"的创建和修改方法都非常简单，此处不再介绍。

4.4.3.5　图层蒙版

"图层蒙版"是加在图层上的一个遮盖，通过创建图层蒙版，可以隐藏或显示图像中的部分或全部。

在图层蒙版中，纯白色区域可以遮盖下层图像中的内容，显示当前图层中的图像；蒙版中的纯黑色区域可以遮盖当前图层中的图像，显示出下层图层的内容；蒙版中的灰色区域会根据其灰度值使当前图层中图像呈现出不同层次的透明效果。

如果要隐藏当前图层中的图像，可以使用黑色涂抹蒙版；如果要显示当前图层中的图像，可以使用白色涂抹蒙版；如果要使当前图像呈现半透明效果，可以使用灰色涂抹蒙版，下面介绍"图层蒙版"的使用方法。

（1）打开两幅图片，如图 4-127 所示。

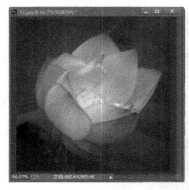

图 4-127　打开两幅图片

（2）将花朵图片拖入鱼图片中，在"图层"调板底部单击"添加图层蒙版"按钮，为图层 1 添加图层蒙版，效果如图 4-128 所示。

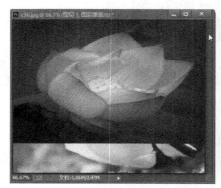

图 4-128　为图层 1 添加图层蒙版

（3）使用工具箱中的"渐变工具"，创建黑白渐变，效果如图 4-129 所示。

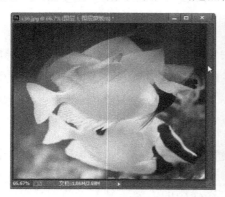

图 4-129　创建黑白渐变后的效果

4.5　项目小结

21世纪的包装，已经由简单的保护、容纳功能，发展成为与消费者沟通的桥梁。包装设计作为一种重要的文化现象，已经成为人类经济活动中的自觉行为，在其发展过程中已由产品包装升华为文化包装。融工业生产、科学技术、文化艺术、民俗风貌等多种元素为一体的包装，不仅可以保护、宣传商品，还可以促销商品和提高商品的附加价值。

4.6　项目训练四

学生走访市场进行食品包装设计，优秀的包装设计不仅可以吸引消费者的注意力，还可以使消费者能够迅速地识别出商品的种类。食品包装设计具体要求如下。

① 在食品包装设计中，应该注意文字和图形的表现，文字要简洁生动、易读易记；图形则一般采用食品自身的形象作为主体形象，使产品信息更加直观。

② 食品包装设计还应该充分地考虑到消费者味觉的表现，从而引起消费者的食欲，不同的色彩会给消费者不同的味觉感受，如苦涩感的黑棕色、甜美感的红色、香味四溢的黄色、新鲜酸甜的绿色等。

③ 不同年龄的消费群体对食品包装的要求也有所不同，儿童食品包装，应考虑到儿童的心理，采用活泼新颖的字体及儿童所喜爱的形象，如可爱的动物、卡通人物等。

④ 熟练使用 Photoshop CC 相关工具，掌握其操作技巧和重要环节，完成创作。

项目 5

网页制作

自从 Photoshop CC 出现了"切图"等专为网页设计所定制的功能后,网页设计的重心已慢慢转向了 Photoshop CC。因为 Photoshop CC 本身以图像为基础的特性,决定了它能对版面进行更精确的控制,使网页的页面能够有更加灵活和生动的布局,这释放了网页设计师的创作灵感,不再受方方正正的网页表格所约束。

重点提示:

网页的版面布局
滤镜的应用

5.1 任务 1 汽车网页制作

5.1.1 主题说明

网页设计作为一种视觉语言特别讲究编排和布局,通过文字图形的空间组合,表达出和谐与精美,使浏览者在接收网页信息的同时有一个流畅的视觉体验。Photoshop CC 已具备了网页设计的各种功能,越来越多的网页设计师已经开始运用 Photoshop CC 设计出画面独特、新颖的网页。我们通过设计制作"汽车网页"来掌握网页设计方法与基本流程。

5.1.2 项目实施操作

(1) 执行"文件|新建"命令,新建文件(宽×高:1024 像素×1000 像素,分辨率:72 像素/英寸,模式:RGB),如图 5-1 所示。

图 5-1 "新建"对话框

（2）按下"Ctrl+R"组合键打开标尺，右击标尺从弹出的快捷菜单中选择"像素"作为单位，然后使用工具箱中的"移动工具"拖出如图 5-2 所示的辅助线。

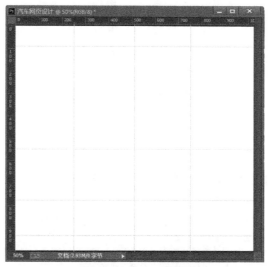

图 5-2 辅助线设置

（3）使用工具箱中的"渐变工具"，打开"渐变编辑器"对话框，设置从"蓝色（R134、G204、B243）"到"白色（R255、G255、B255）"的渐变，如图 5-3 所示，然后按下鼠标左键不放，向下拖至 3.5 厘米处，效果如图 5-4 所示。

 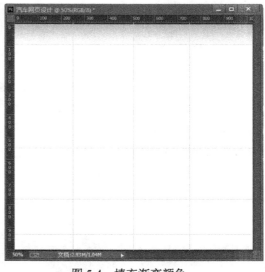

图 5-3 "渐变编辑器"对话框　　　　　　图 5-4 填充渐变颜色

（4）使用工具箱中的"移动工具"将"公司 Logo.psd"拖入，快速合成图像，如图 5-5 所示。

（5）使用工具箱中的"移动工具"将"网页导航栏.jpg"拖入，快速合成图像，如图 5-6 所示。

（6）使用工具箱中的"移动工具"将"背景.jpg"拖入，快速合成图像，如图 5-7 所示。

图 5-5　拖入公司标志　　　　　　　　图 5-6　拖入网页导航栏

图 5-7　拖入背景汽车

（7）使用工具箱中的"移动工具"将"精品展示.jpg"、"企业介绍.jpg"、"汽车维护.jpg"及"购车常识.jpg"4 幅图片分别拖入，快速合成图像，如图 5-8 所示。

图 5-8　拖入 4 幅图片

(8)使用工具箱中的"移动工具"将汽车的 4 幅图片分别拖入,快速合成图像,并按下"Ctrl+T"组合键进行适当调整,如图 5-9 所示。

图 5-9　拖入 4 幅汽车图片

(9)使用工具箱中的"移动工具"将"状态栏.jpg"图片拖入,快速合成图像,并按下"Ctrl+T"组合键进行适当调整,如图 5-10 所示。

图 5-10　拖入状态栏图片

(10)执行"文件|存储为 Web 所用格式"命令,弹出"存储为 Web 所用格式"对话框,如图 5-11 所示,并根据需要设置相关的选项,单击"存储"按钮,弹出"将优化结果存储为"对话框,如图 5-12 所示,设置文件保存的位置,在"格式"下拉列表中选择"HTML 和图像"选项,单击"保存"按钮,即可将"汽车网页设计"以 HTML 和图像的格式保存起来。双击"汽车网页设计.html"文件,即可在 IE 浏览器中打开"汽车网页设计"页面,如图 5-13 所示。

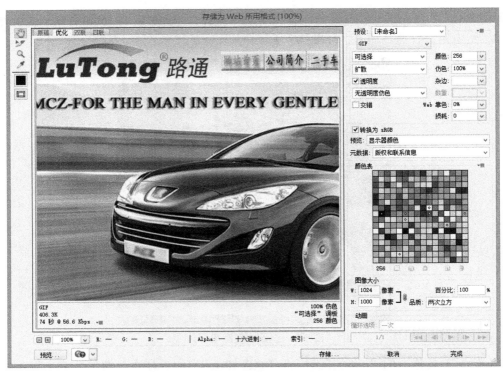

图 5-11 "存储为 Web 所用格式"对话框

图 5-12 "将优化结果存储为"对话框

图 5-13　在 IE 浏览器中打开"汽车网页设计"页面

5.1.3　总结与点评

在设计网页时,设计师应该根据网站的类型来决定整体的色调、画面布局及字体的类型。由于是一个汽车网页设计,因此,设计师将网页的基本色调设置为蓝色,其中的文字使用较多的是比较简单规整的字体样式。

5.2　任务 2　蛋糕店登录界面制作

5.2.1　主题说明

登录界面也就是登录页面,指的是用户提供账号、密码的验证界面,有控制用户权限、记录用户行为、保护操作安全的作用。本任务设计一家蛋糕店的网站登录界面。

5.2.2　项目实施操作

1. 背景制作

(1)打开背景素材:项目 5 素材及效果文件\素材\登录界面\01.jpg,如图 5-14 所示。

图 5-14 打开背景素材

（2）使用工具箱中的"移动工具"将"02.png"图片移入背景图片，按下"Ctrl+T"组合键调整位置及大小，并添加"斜面和浮雕"效果，其参数设置如图 5-15 所示，最终效果如图 5-16 所示。

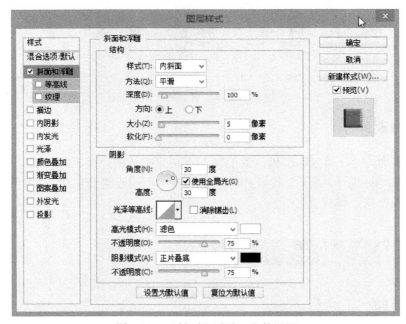

图 5-15 "斜面和浮雕"参数设置

2．制作登录信息

（1）使用工具箱中的"圆角矩形工具"，绘制一个"宽度"为"315 像素"，"高度"为"55 像素"，"半径"为"10 像素"的圆角矩形，并填充线性渐变（深蓝"#0017e1"到浅蓝"#aeffff"），设置"渐变编辑器"对话框如图 5-17 所示，并添加"斜面和浮雕"效果，其参数设置如图 5-18 所示，圆角矩形效果如图 5-19 所示。

图 5-16 蛋糕图片

图 5-17 "渐变编辑器"对话框

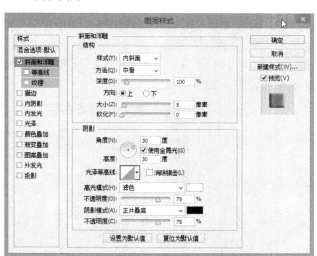

图 5-18 "斜面和浮雕"参数设置

图 5-19 圆角矩形效果

（2）使用工具箱中的"文字工具"，"字体"设置为"迷你简卡通"，"字号"设置为"60点"，"颜色"设置为"黄色（#f2e209）"，并按住"Alt"键将"圆角矩形"的"斜面和浮雕"效果快速施加于文字上，如图 5-20 所示。

图 5-20　设置输入文字效果

（3）新建图层，选择工具箱中的"圆角矩形工具"，绘制一个"宽度"为"190 像素"，"高度"为"35 像素"，"半径"为"10 像素"的白色圆角矩形，如图 5-21 所示。选择工具箱中的"移动工具"，按住"Alt"键快速复制出其他圆角矩形，并按"Ctrl+T"组合键调整其大小，最终效果如图 5-22 所示。

图 5-21　绘制白色圆角矩形

图 5-22　复制其他白色圆角矩形

（4）使用工具箱中的"文字工具"依次输入"用户名""密码""验证码","字体"设置为"黑体","字号"设置为"60 点","颜色"设置为"深蓝色（#000c83）",加粗字体,如图5-23 所示。

图 5-23　输入文字并设置字体样式

（5）使用工具箱中的"文字工具"输入验证码"5889",字体颜色自定即可,如图 5-24 所示。

图 5-24　输入验证码

（6）如上所述,新建图层,继续绘制两个圆角矩形,并输入"登录"及"重置"文字,效果如图 5-25 所示,分别使用工具箱中的"移动工具"将"用户名""密码""验证码"图标合成,最终效果如图 5-26 所示。

图 5-25　"登录"及"重置"文字效果

图 5-26　最终效果

5.2.3　总结与点评

蛋糕店登录界面以简约大气、甜美清新的设计理念进行构思，突出艺术性的组合及独特简约的设计风格，创造一个可口诱人的蛋糕店登录界面。

5.3　网页制作相关知识

5.3.1　网页制作的基本要求

由于目前制作网页的软件越来越多，使用也越来越方便，所以制作网页已经变成了一件轻松的工作，不像以前要手动编写源代码。设计一个网页就像盖一幢大楼一样，它是一个系统工程，有自己特定的工作流程，设计师只有遵循这个工作流程，按部就班地一步步来，才能设计出一个满意的网页。

1．确定网页主题

网页主题就是设计师设计的网页所要包含的主要内容，一个网页必须要有一个明确的主题。特别是对于个人网页来说，设计师不可能像综合类型网页那样做得内容大而全，包罗万象。设计师没有这个能力，也没这个精力，所以必须要找准一个自己最感兴趣的主题，做深、做透，做出自己的特色，这样才能给用户留下深刻的印象。网页的主题要鲜明，突出重点。

2．搜集材料

明确了网页的主题以后，设计师就要围绕主题开始搜集材料。常言道："巧妇难为无米之炊"。要想让自己的网页能够吸引用户，设计师要尽量搜集材料，搜集的材料越多，以后制作网页就越容易。材料既可以从图书、报纸、光盘、多媒体上搜集，也可以从互联网上搜集，然后把搜集的材料去粗取精，去伪存真，作为自己制作网页的素材。

3．规划网页

一个网页的设计是否成功，很大程度上取决于设计师的规划水平，规划网页就像建筑设计师设计大楼一样，图纸设计好了，才能建成一座漂亮的楼房。网页规划包含了很多内容，如网页结构、栏目设置、网页风格、颜色搭配、版面布局、文字图片运用等，设计师只有在制作网页之前把这些方面都考虑到了，才能在制作时驾轻就熟，胸有成竹，制作出有个性、有特色、有吸引力的网页。

4．选择合适的制作工具

尽管选择什么样的工具并不会影响设计师设计网页的好坏，但是一款功能强大、使用简单的软件往往可以起到事半功倍的效果。网页制作的工具比较多，目前大多数人都会选用常见的网页制作工具，如 Dreamweaver、Frontpage 等。如果是初学者，可以选择 Frontpage。除此之外，还有图片编辑工具，如 Photoshop、Photoimpact 等；动画制作工具，如 Flash、Gif Animator 等；网页特效工具，如有声有色软件等。

5．制作网页

材料有了，工具也选好了，下面就需要按照规划将自己的想法变成现实，这是一个复杂而细致的过程，一定要按照先大后小、先简单后复杂的顺序来进行制作。所谓先大后小，就是说在制作网页时，先将大的结构设计好，然后再逐步完善小的结构设计。所谓先简单后复杂，就是先设计简单的内容，然后再设计复杂的内容，以便出现问题时好修改。在制作网页时要多灵活运用模板，这样可以大大提高网页的制作效率。

6．上传测试

网页制作完毕后，要发布到 Web 服务器上，才能够让众多网民观看。现在有很多网页上传的工具，有些网页制作工具本身就带有上传功能，设计师可以很方便地将网页发布到自己申请的服务器上。网页上传以后，设计师要在浏览器中打开自己的网页进行测试，发现问题，及时修改，然后再上传测试，全部测试完毕就可以将网址告诉朋友，让他们来浏览。

7．推广宣传

制作完网页之后，还要不断推广宣传网页，这样才能让更多的网民认识它，提高网页的访问量和知名度。推广宣传网页的方法有很多，如到搜索引擎上注册、与别的网页交换链接、加入广告链接等。

8．维护更新

网页要经常维护更新内容，只有不断地为网页更换新的内容，才能够吸引更多的网民。

5.3.2 网页的色彩

1．色彩的含义

色彩本身是无任何含义的，有的只是人赋予它的。从心理学上分析，色彩能够影响人的心理，左右人的情绪，所以就有人给各种色彩加上特定的含义。

红色：热情、奔放、喜悦、庄严。

黄色：高贵、富有、灿烂、活泼。

黑色：严肃、沉着。

白色：纯洁、简单、洁净。

蓝色：天空、清爽、科技。

绿色：植物、生命、生机。

灰色：庄重、沉稳。

紫色：浪漫、富贵。

棕色：大地、厚朴。

2．网页的色彩对比

不同色彩之间的对比会有不同的效果，当两种色彩混合或搭配在一起时，会产生不同的效果。如红色与绿色对比，红的更红，绿的更绿；黑色与白色对比，黑的更黑，白的更白。由于人的视觉不同，对比的效果通常也会有所不同。色彩对比会受很多因素的影响，如色彩的面积、时间、亮度等。色彩对比有很多方面，色相对比就是其中的一种。当人们用湖蓝与深蓝对比时，就会发觉深蓝带点紫色，而湖蓝则带点绿色。各种纯色对比会产生鲜明的色彩效果，很容易给人带来视觉与心理的满足。

红色与黄色对比，红色会使人想起玫瑰，而黄色则会使人想起柠檬。绿色与紫色对比很有鲜明特色，令人感觉到活泼、自然。而红、黄、蓝3种色彩比较鲜艳，它们之间对比，哪一种色彩也无法影响对方。色彩对比也有纯度对比，如黄色是夺目的色彩，但是加入灰色会失去其夺目的色彩，通常可以混入黑、白、灰色来对比纯色，这样可以减少其纯度，纯度对比会使色彩的效果更明显。

3．色彩面积的大小

有很多因素可以影响色彩的对比效果，色彩面积的大小就是其中最重要的一项，如果两种色彩面积同样大，那么这两种色彩之间的对比十分强烈，但是当其中的一种色彩面积变得不一样时，面积小的一种色彩就会成为面积大的色彩的补充。色彩的面积大小会令色彩的对比有一种生动效果，尝试在一大片绿色中加入一小点红色，人们会注意到红色在绿色的衬托下显得很抢眼，这就是色彩面积大小对比效果的影响。在大面积的色彩陪衬下，小面积的纯色会突出特别的效果，但是如果用较淡的色彩，则会让人们感觉不到这种色彩的存在，如在黄色中加入淡灰色，人们根本就不会注意到淡灰色。

4．色彩的位置

色彩所处的位置不同也会造成色彩对比的不同，试将两个同样大小面积的色彩放在不同的位置，如前后，则会觉得后面的色彩要比前面的色彩暗些。正是由于色彩所处位置的不同，导致眼睛视觉的不同。人们尝试在画图时使用渐变工具，则会觉得多种色彩组合在一起会产生不同的效果，如音乐中的1、2、3、4、5、6、7变化，相同的色相但纯度不同的色彩组合在一起会产生意想不到的效果，不要以为渐变很简单，它内含着色彩运用的一项重要作用。色彩渐变如同乐谱一样。暗色中含有高亮度的对比，给人清晰、激烈的感觉，如深黄到鲜黄色。暗色中含有高亮度的对比，给人沉着、稳重的感觉，如深红中含有鲜红。中性色与低亮度的对比，给人模糊、朦胧的感觉，如草绿中含有浅灰。纯色与高亮度的对比，给人跳跃舞动的感觉，如黄色与白色的对比。纯色与低亮度的对比，给人轻柔、欢快的感觉，如浅蓝色与白色的对比。纯色与暗色的对比，给人强硬、不可改变的感觉。

5．网页配色的常用规律

- 中性色常与黑色、白色、灰色进行搭配。
- 中性色可以和任何一种色彩搭配，当填充色彩的面积较大时，最好使用黑色、白色、灰色相互搭配。
- 使用一种色彩，先选定一种色彩，然后调整色彩的透明度或饱和度（就是将色彩变淡或加深），产生新的色彩，用于网页色彩搭配，这样页面看起来色彩统一，有层次感。
- 使用对比色彩，先选定一种色彩，然后选择它的对比色，如蓝色和黄色就是对比色，这样整个页面色彩既丰富又不花哨。

- 不要用太多的色彩，尽量控制在 3 种色彩以内。
- 背景与前文的对比尽量要大，要选用花纹简洁的图案作背景，以便突出前文的文字。
- 最好不要使用大面积的高饱和度的纯色，如果必须使用时，该纯色占用的面积最好较小。
- 背景与文字内容的亮度（0～255）差最好控制在 102 以上。

6．网页使用色彩的类型
- 公司色：公司的 CI（企业视觉形象识别）形象十分重要，每一个公司的 CI 设计必须要有标准的色彩，如新浪网的主色调介于浅黄和深黄之间，同时形象宣传海报、广告使用的色彩都要和网页的色彩保持一致。
- 风格色：许多网页使用色彩遵循着公司的风格，如海尔集团网页使用的色彩是一种中性的绿色，既充满朝气又不失创新精神。
- 习惯色：一些网页的色彩使用很大一部分是凭设计者个人的爱好，个人网页较多使用红色、紫色、黑色等，在制作网页时就倾向于这些色彩，每一个人都有自己喜欢的色彩，因此将这种类型称为习惯色。

5.3.3 网页构成的基本元素

1．文本

在一般情况下，网页最多的内容是文本，用户可以根据需要对其字体、字号、颜色、底纹、边框等属性进行设置。建议用于网页正文的文字一般不要太大，也不要设置过多的字体，中文文字一般设置为宋体，字号一般设置为 9～12 磅即可。

2．图像

丰富多彩的图像是美化网页必不可少的元素，用于网页的图像一般为 JPG 格式和 GIF 格式。在网页中的图像主要用于点缀标题，代表企业形象或栏目内容的标志性图片主要用于宣传广告。

3．超链接

超链接是 Web 网页的主要特色，是指从一个网页指向另一个目的端的链接，这个"目的端"通常是另一个网页，也可以是相同网页的不同位置、一个下载的文件、一张图片、一个 E-mail 地址等。超链接可以是文本、按钮或图片，当鼠标指针指向超链接位置时，会变成小手形状。

4．导航栏

导航栏是一组超链接，用来方便地浏览站点，导航栏一般由多个按钮或多个文本超链接组成。

5．动画

动画是网页中最活跃的元素，创意出众、制作精致的动画是吸引浏览者眼球的有效方法。但是如果网页动画太多，也会使人眼花缭乱，进而产生视觉疲劳。

6．表格

表格是 HTML 语言中的一种元素，主要用于网页内容的布局，组织整个网页的外观，用户通过表格可以精确地控制各元素在网页中的位置。

7．框架

框架是网页的一种组织形式，将相互关联的多个网页的内容组织在一个浏览器窗口中显示。例如，在一个框架中放置导航栏，另一个框架中的内容可以随单击导航栏中的链接而改变。

8．表单

表单是用来收集浏览者信息或实现一些交互作用的网页，浏览者填写表单的方式是输入文本、选中单选按钮或复选框、从下拉菜单中选择选项等。

5.3.4 网页的版面布局

设计网页的第一步就是设计网页版面的布局，布局就是以最适合浏览的方式将图片和文字排放在页面的不同位置。就像传统的报纸杂志编辑一样，我们将网页看作一张报纸或一本杂志来进行排版布局。虽然动态网页技术的发展使得我们开始趋向于学习场景设计，但是网页版面设计基础依然是读者必须学习和掌握的，它们的基本原理是互通的，大家可以领会要点，举一反三。网页布局要考虑网页版面大小，网页版面大小并没有固定的长宽尺寸限定，但由于目前用户使用的显示器分辨率，多数设定为 800 像素×600 像素，或者 1024 像素×768 像素，因此网页设计师在设计网页版面时，也大多针对这两种情况来设计，一般将宽度设定为 778 像素或 1000 像素。

5.3.4.1 网页布局遵循原则

- "正常平衡"也叫"匀称"，多指左右、上下对照形式，主要强调秩序，能达到稳定、信赖的效果。
- "异常平衡"即"非对照形式"，但也要注意平衡和韵律，此种布局能达到强调性、不安性、高注目性的效果。
- 对比，所谓对比，不仅可以利用色彩、色调等技巧来表现，在内容上还可以涉及古与今、新与旧、贫与富等对比。
- 凝视，所谓凝视是利用页面中的人物视线，使浏览者仿照跟随的心理，以达到注视页面的效果。
- 空白，空白有两个作用：一方面对其他网页表示突出卓越，另一方面也表示网页品位的优越感，这种表现方法对体现网页的格调十分有效。
- 尽量用图片解说，此法适用于不能用语言说服或用语言无法表达的情感。

5.3.4.2 版面布局形式

1．拐角形布局

网页的顶部是标题及广告横幅，接下来网页的左侧是一窄列链接，右侧是较宽的正文，底部也是一些网页的辅助信息。在这种类型中，一种常见的类型为顶部是标题及广告，左侧是导航链接，如图 5-27 所示。

2．"T"形布局

"T"形布局因与英文大写字母 T 相似而得名，其页面的顶部一般放置网页的标志、Banner 广告及导航栏菜单，下方右侧则用于放置网页正文等主要内容，如图 5-28 所示。

项目 5　网页制作

图 5-27　拐角形布局

图 5-28　"T"形布局

3．"口"形布局

这是一个形象的说法，指页面上下各有一个广告条，左侧是主菜单，右侧是友情链接等，中间是主要内容，如图 5-29 所示。

199

图 5-29 "口"形布局

4．POP 布局

POP 源自广告术语，指页面布局像一张宣传海报，以一张精美图片作为页面的设计中心，常用于时尚类网站，优点是漂亮吸引人，缺点是显示速度慢，如图 5-30 所示。

图 5-30　POP 布局

5.3.5　网页设计赏析

- 《Ondo 网页》设计赏析，如图 5-31 所示。

项目 5　网页制作

图 5-31　《Ondo 网页》设计

没有人会对沉闷的网页产生兴趣，而几何图形恰巧能在增强视觉体验的同时营造出活跃的氛围。《Ondo 网页》设计选用了较为鲜艳的色彩，再加以特别的效果，让用户在浏览时得到了一种别样的视觉感受。《Ondo 网页》设计表达的是城市的现代繁华。

5.4　Photoshop CC 相关知识

"滤镜"是 Photoshop CC 用于创建图像特殊效果的工具，下面我们讲解什么是滤镜。

5.4.1　滤镜的概念

"滤镜"原本是一种摄影器材，摄影师将它们安装在相机镜头上来改变照片的显示效果，可以影响色彩或产生特殊的拍摄效果。Photoshop CC 滤镜是一种插件模块，它们能够操纵图像中的像素。位图是由像素构成的，每一个像素都有自己的位置和颜色值，滤镜就是通过改变像素的位置或颜色值来生成各种特殊效果的。图 5-32 所示为执行"铜版雕刻"后的滤镜效果。

 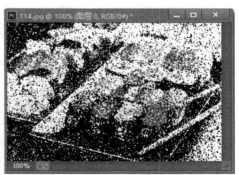

图 5-32　原始图像与"铜版雕刻"滤镜效果

5.4.2　滤镜的种类和用途

"滤镜"分为内置滤镜和外挂滤镜两大类。内置滤镜是 Photoshop CC 自身提供的各种滤镜，外挂滤镜则是由其他厂商开发的滤镜，它们需要安装在 Photoshop CC 中才能使用。

Photoshop CC 的所有滤镜都在"滤镜"菜单中，如果安装了外挂滤镜，则它们也会出现在"滤镜"菜单中。

Photoshop CC 滤镜主要有两种用途，第一用于创建具体图像效果；第二用于编辑图像。

5.4.3 滤镜的使用规则

滤镜的使用规则如下。
- 使用滤镜处理图层中的图像时，需要选择该图层，并且图层必须是可见的。
- 如果创建了选区，滤镜只处理选区的内容，否则将处理当前层的全部图像。
- 滤镜处理效果是以像素为单位进行计算的，因此，相同参数处理不同分辨率的图像，其效果也会不同。
- 滤镜可以处理图层蒙版、快速蒙版和通道。

> **注意** 执行完一个滤镜命令后，"滤镜"菜单的第一行便会出现该滤镜的名称，单击它或按下"Ctrl+F"组合键可以快速应用这一滤镜，如果对该滤镜的参数做出调整，可以按下"Alt+Ctrl+F"组合键打开滤镜对话框，重新设置参数。

5.4.4 滤镜库

"滤镜库"是一个整合了多种滤镜的对话框，它可以将一个或多个滤镜应用于图像，或者对同一图像多次应用同一滤镜，还可以使用对话框的其他滤镜替换原有的滤镜。

1. 滤镜库概述

执行"滤镜 | 滤镜库"命令，打开"滤镜库"对话框，在该对话框中有"风格化""画笔描边""扭曲""素描""纹理""艺术效果" 6 个滤镜组。当用户单击"画笔描边"滤镜组中的"墨水轮廓"选项时，会出现"墨水轮廓"的参数设置及预览效果，如图 5-33 所示。

图 5-33 "墨水轮廓"的参数设置及预览效果

- 预览区：用于预览滤镜效果。
- 滤镜组："滤镜库"共包含 6 组滤镜，单击一个滤镜组的三角按钮，可以展开该滤镜组。
- 参数设置区：用于显示选中滤镜的相关参数，可以在此对参数进行相应的设置。

2. 使用滤镜库

下面将结合实例来使用滤镜库，具体操作步骤如下。

（1）执行"滤镜 | 滤镜库"命令，打开"滤镜库"对话框。

（2）单击"画笔描边"滤镜组中的"喷色描边"选项，并设置相应参数，单击"确定"按钮，得到如图 5-34（右图）所示效果图。

原始图片　　　　　　　　　　　　　　"喷色描边"滤镜效果

图 5-34　原始图片与"喷色描边"滤镜效果

5.4.5　智能滤镜

滤镜需要修改像素才能呈现特效，而智能滤镜是一种非破坏性的滤镜，可以达到与普通滤镜完全相同的效果。智能滤镜是作为图层效果出现在"图层"调板中的，而不会真正改变图像中的任何像素，并且可以随时修改智能滤镜参数。

1. 应用智能滤镜

下面我们将结合实例来使用智能滤镜，具体操作步骤如下。

（1）执行"滤镜 | 转化为智能滤镜"命令，单击"确定"按钮，将"背景"图层转化为智能对象，如图 5-35 所示。

图 5-35　将"背景"图层转化为智能对象

（2）按下"Ctrl+J"组合键，复制"图层 0"，得到"图层 0 副本"。执行"滤镜 | 滤镜库"命令，打开"滤镜库"对话框，单击"素描"滤镜组中的"半调图案"选项，根据需要设置参数，单击"确定"按钮。将"图层 0 副本"的混合模式设置为"正片叠底"，效果如图 5-36（左图）所示。

（3）执行"滤镜 | 锐化 | USM 锐化"命令，效果如图 5-36（右图）所示。

图 5-36 "半调图案"滤镜与"USM 锐化"滤镜效果

2．修改智能滤镜

我们使用上述实例修改智能滤镜，具体操作步骤如下。

双击"半调图案"智能滤镜的图层，重新打开"滤镜库"对话框，修改参数，将"图案类型"设置为"圆形"，如图 5-37 所示，单击"确定"按钮，即可更新滤镜效果，如图 5-38 所示。

图 5-37 修改参数　　　　　　　　　图 5-38 修改智能滤镜后的效果

3．遮盖智能滤镜

"智能滤镜"包含一个智能蒙版，它与图层蒙版完全相同，编辑蒙版可以有选择性地遮盖智能滤镜，使滤镜只影响图像的一部分，具体操作步骤如下。

单击智能滤镜的蒙版，如果要遮盖某一处滤镜效果，可以用黑色绘制；如果要显示某一处滤镜效果，则用白色绘制，如图 5-39 所示。

图 5-39 编辑蒙版后滤镜效果

5.4.6 "风格化"滤镜组

"风格化"滤镜组包含 8 种滤镜,它们可以置换像素、查找并增加图像的对比度,使图像产生绘画和印象派风格效果。下面以"查找边缘"滤镜、"浮雕效果"滤镜及"拼贴"滤镜为例进行讲解。

1."查找边缘"滤镜

"查找边缘"滤镜能自动搜索图像像素对比度变化剧烈的边界,将高反差区域变亮,低反差区域变暗,其他区域则介于两者之间,硬边变为线条,而柔边变粗,形成一个清晰的轮廓,如图 5-40 所示。

图 5-40　原始图像与"查找边缘"滤镜效果

2."浮雕效果"滤镜

"浮雕效果"滤镜可以通过勾画图像(选区轮廓)和降低图像周围色值来生成凸起或凹陷的浮雕效果,如图 5-41 所示。

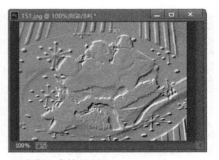

图 5-41　原始图像与"浮雕"滤镜效果

3."拼贴"滤镜

"拼贴"滤镜可以根据指定的数值将图像分为块状,并使其偏离原来的位置,产生不规则瓷砖拼凑成的图像效果,如图 5-42 所示。

图 5-42　原始图像与"拼贴"滤镜效果

5.4.7 "画笔描边"滤镜组

"画笔描边"滤镜组包含 8 种滤镜,它们当中的一部分滤镜通过不同的油墨和画笔勾画图像,使其产生绘画效果,有些滤镜可以添加颗粒、绘画、杂色、边缘细节或纹理,这些滤镜不能用于 Lab 模式和 CMYK 模式的图像。下面以"成角线条"滤镜、"墨水轮廓"滤镜及"喷溅"滤镜为例进行讲解。

1."成角线条"滤镜

"成角线条"滤镜可以使用对角描边重新绘制图像,用一个方向的线条绘制亮部区域,再用相反方向的线条绘制暗部区域,如图 5-43 所示。

图 5-43 原始图像与"成角线条"滤镜效果

2."墨水轮廓"滤镜

"墨水轮廓"滤镜能够以钢笔画的风格,用纤细的线条在原细节上重绘图像,如图 5-44 所示。

图 5-44 原始图像与"墨水轮廓"滤镜效果

3."喷溅"滤镜

"喷溅"滤镜能够模拟喷枪,使图像产生笔墨喷溅的艺术效果,如图 5-45 所示。

图 5-45 原始图像与"喷溅"滤镜效果

5.4.8 "模糊"滤镜组

"模糊"滤镜组包含 14 种滤镜，它们可以削弱相邻像素的对比度并柔化图像，使图像产生模糊效果，在去除图像的杂色，或者创建特殊效果时会经常用到此类滤镜。下面以"表面模糊"滤镜、"动感模糊"滤镜及"径向模糊"滤镜为例进行讲解。

1．"表面模糊"滤镜

"表面模糊"滤镜能够在保留边缘的同时模糊图像，可以用来创建图像的特殊效果并消除杂色或颗粒，如图 5-46 所示，该滤镜为人像照片进行磨皮，效果非常好。

图 5-46　原始图像与"表面模糊"滤镜效果

2．"动感模糊"滤镜

"动感模糊"滤镜可以根据制作效果的需要沿指定方向，以指定强度模糊图像，产生的效果类似于以固定的曝光时间给一个移动的对象拍照，在表现对象的速度时会经常用到该滤镜，如图 5-47 所示。

 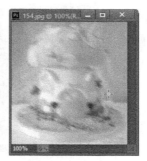

图 5-47　原始图像与"动感模糊"滤镜效果

3．"径向模糊"滤镜

"径向模糊"滤镜可以模拟旋转相机所产生的模糊效果，如图 5-48 所示。

 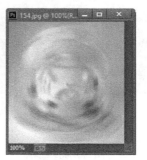

图 5-48　原始图像与"径向模糊"滤镜效果

5.4.9 "扭曲"滤镜组

"扭曲"滤镜组包含 9 种滤镜，它们可以对图像进行几何扭曲，创建 3D 或其他整形效果。在处理图像时，这些滤镜会占用大量内存，如果文件较大，可以先在小尺寸的图像上试验。下面以"极坐标"滤镜、"挤压"滤镜及"切变"滤镜为例进行讲解。

1. "极坐标"滤镜

"极坐标"滤镜可以将图像从平面坐标转换为极坐标，或者从极坐标转换为平面坐标，使用该滤镜可以创建曲面扭曲效果，如图 5-49 所示。

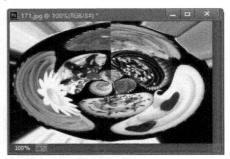

图 5-49　原始图像与"极坐标"滤镜效果

2. "挤压"滤镜

"挤压"滤镜可以将整个图像或选区内的图像向内挤压或向外挤压，在"挤压"对话框中的"数量"用于控制挤压程度，当该数值为负数时图像向外凸出，当该数值为正数时图像向内凹陷，如图 5-50 所示。

图 5-50　原始图像与"挤压"滤镜效果

3. "切变"滤镜

"切变"滤镜是比较灵活的滤镜，我们可以按照自己设定的曲线来扭曲图像。在"切变"

对话框的曲线上单击可以添加控制点,通过拖动控制点改变曲线的形状即可扭曲图像;如果要删除某个控制点,将它拖至对话框外即可;单击"默认"按钮,则可以将曲线恢复到初始的直线状态,如图 5-51 所示。

图 5-51　原始图像与"切变"滤镜效果

5.4.10　"锐化"滤镜组

"锐化"滤镜组包含 6 种滤镜,它们可以通过增强相邻像素间的对比度来处理模糊的图像,使图像变得清晰。下面以"USM 锐化"及"智能锐化"为例进行讲解。

1."USM 锐化"滤镜

"USM 锐化"滤镜可以查找图像色彩发生显著变化的区域,然后将其锐化,对于专业的色彩校正,可以使用该滤镜调整图像边缘细节的对比度,如图 5-52 所示。

图 5-52　原始图像与"USM 锐化"滤镜效果

2."智能锐化"滤镜

"智能锐化"滤镜与"USM 锐化"滤镜的功能比较相似,但"智能锐化"滤镜具有独特的"锐化控制"选项,可以设置锐化算法、控制阴影与高光区域的锐化量,如图 5-53 所示。

图 5-53　原始图像与"智能锐化"滤镜效果

5.4.11 "素描"滤镜组

"素描"滤镜组包含 14 种滤镜,它们可以将纹理添加到图像,常用来模拟素描和速写等艺术效果或手绘外观。大部分滤镜在重绘图像时都要使用前景色和背景色,因此,设置不同的前景色和背景色,可以获得不同的效果。下面以"半调图案"滤镜、"绘画笔"滤镜及"撕边"滤镜为例进行讲解。

1."半调图案"滤镜

"半调图案"滤镜可以在保持图像连续色调的同时,模拟半调网屏效果,如图 5-54 所示。

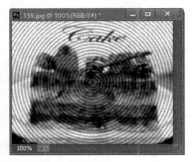

图 5-54 原始图像与"半调图案"滤镜效果

2."绘画笔"滤镜

"绘画笔"滤镜使用细的、线状的油墨描边来捕捉原始图像的细节,前景色作为油墨,背景色作为纸张,以替换原始图像的颜色,如图 5-55 所示。

图 5-55 原始图像与"绘画笔"滤镜效果

3."撕边"滤镜

"撕边"滤镜可以重建图像,使之像是由粗糙、撕破的纸片组成的,然后使用前景色和背景色为图像着色,对于文本或高对比度图像,该滤镜的效果较为明显,如图 5-56 所示。

图 5-56 原始图像与"撕边"滤镜效果

5.4.12 "纹理"滤镜组

"纹理"滤镜组包含 6 种滤镜，它们可以模拟具有深度感或物质感的外观。下面以"龟裂缝"滤镜、"染色玻璃"滤镜及"纹理化"滤镜为例进行讲解。

1．"龟裂缝"滤镜

"龟裂缝"滤镜可以将图像绘制在石膏表面上，以沿着图像等高线生成精细的网状裂缝，使用该滤镜可以对包含多种颜色值或灰度值的图像创建浮雕效果，如图 5-57 所示。

图 5-57　原始图像与"龟裂缝"滤镜效果

2．"染色玻璃"滤镜

"染色玻璃"滤镜可以将图像重新绘制为单色的相邻单元格，色块之间的缝隙利用前景色填充，使图像看起来像是彩色玻璃，如图 5-58 所示。

 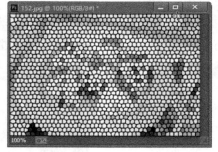

图 5-58　原始图像与"染色玻璃"滤镜效果

3．"纹理化"滤镜

"纹理化"滤镜可以生成各种纹理，为图像添加纹理质感，可以选择的纹理包括"砖形""粗麻布""画布""砂岩"，也可以单击"纹理"选项右侧的按钮，载入一个 PSD 格式的文件作为纹理文件，如图 5-59 所示。

 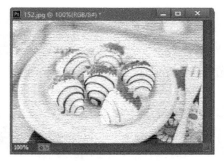

图 5-59　原始图像与"纹理化"滤镜效果

5.4.13 "像素化"滤镜组

"像素化"滤镜组包含 7 种滤镜，它们可以通过单元格中颜色值相近的像素结成块来清晰地定义一个选区，可用于创建彩块、点状、晶格和马赛克等特殊效果。下面以"点状化"滤镜及"晶格化"滤镜为例进行讲解。

1．"点状化"滤镜

"点状化"滤镜可以将图像中的颜色分散为随机分布的网点，如同点状绘画效果，背景色将作为网点之间的画布区域，如图 5-60 所示。当使用该滤镜时，我们可以通过"单元格大小"来控制网点的大小。

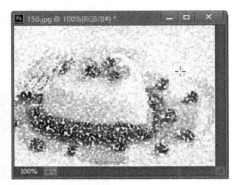

图 5-60　原始图像与"点状化"滤镜效果

2．"晶格化"滤镜

"晶格化"滤镜可以使图像相近的像素集中到多边形色块，产生类似结晶的颗粒效果，如图 5-61 所示。当使用该滤镜时，我们可以通过"单元格大小"来控制多边形色块的大小。

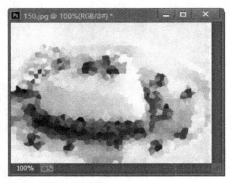

图 5-61　原始图像与"晶格化"滤镜效果

5.4.14 "渲染"滤镜组

"渲染"滤镜组包含 5 种滤镜，这些滤镜可以在图像中创建 3D 形状、云彩图案、折射图案和模拟光反射，是非常重要的特效制作滤镜。下面以"云彩"滤镜及"光照效果"滤镜为例进行介绍。

1．"云彩"滤镜

"云彩"滤镜可以使用介于前景色和背景色之间的随机数值生成柔和的云彩图案，如果按住"Alt"键，然后执行"滤镜 | 渲染 | 云彩"命令，则可以生成色彩更加鲜明的云彩图案，

如图 5-62 所示。

图 5-62　原始图像与"云彩"滤镜效果

2."光照效果"滤镜

"光照效果"滤镜是一个功能强大的灯光效果制作滤镜，它包含点光、聚光灯、无限光 3 种光照类型，如图 5-63 所示为"光照效果"属性调板，我们选择一种光源后，就可以调整它的位置和照射范围，如图 5-64 所示为"聚光灯"滤镜效果，如图 5-65 所示为"点光"滤镜与"无限光"滤镜效果。

图 5-63　"光照效果"属性调板

图 5-64　原始图像与"聚光灯"滤镜效果

图 5-65　"点光"滤镜与"无限光"滤镜效果

5.4.15 "艺术效果"滤镜组

"艺术效果"滤镜组包含 15 种滤镜,它们可以模拟自然或传统介质效果,使图像看起来更贴近绘画或艺术效果。下面以"壁画"滤镜及"海报边缘"滤镜为例进行讲解。

1. "壁画"滤镜

"壁画"滤镜使用小块颜料,以一种粗糙的风格绘制图像,使图像呈现一种古壁画般的效果,如图 5-66 所示。

 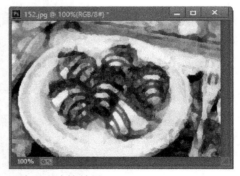

图 5-66　原始图像与"壁画"滤镜效果

2. "海报边缘"滤镜

"海报边缘"滤镜可以按照设置的选项自动跟踪图像中颜色变化剧烈的区域,在边界上填入黑色的阴影,大而宽的区域有简单的阴影,而细小区域的阴影则遍布图像,使图像产生海报效果,如图 5-67 所示。

图 5-67　原始图像与"海报边缘"滤镜效果

5.4.16 "杂色"滤镜组

"杂色"滤镜组包含 5 种滤镜,它们可以添加或去除杂色与带有随机分布色阶的像素,创建与众不同的纹理,也可用于去除有问题的区域。下面以"蒙尘与划痕"滤镜及"添加杂色"滤镜为例进行讲解。

1. "蒙尘与划痕"滤镜

"蒙尘与划痕"滤镜可以通过更改像素来减少杂色,该滤镜对于去除扫描图像中的杂点与折痕特别有效,为了在锐化图像与隐藏瑕疵之间取得平衡,可以尝试"半径"与"阈值"设置的各种组合。"半径"数值越高,图像的模糊程度就越强;"阈值"则用于定义像素的差异有多大才能被视为杂点,该数值越高,去除图像杂点的效果就越弱,如图 5-68 所示。

图 5-68　原始图像与"蒙尘与划痕"滤镜效果

2. "添加杂色"滤镜

"添加杂色"滤镜可以将随机的像素应用于图像,该滤镜也可以用来减少羽化选区或渐变填充中的条纹,使经过重大修饰的区域看起来更真实,该滤镜还可以在一张空白的图像上生成随机的杂点,制作成杂纹或其他底纹,如图 5-69 所示。

图 5-69　原始图像与"添加染色"滤镜效果

5.4.17 "镜头校正"滤镜

"镜头校正"滤镜可以修复常见的镜头缺陷,如桶形失真、晕影、色差,以及校正图像的垂直透视与水平透视,如图 5-70 所示为"镜头校正"对话框。

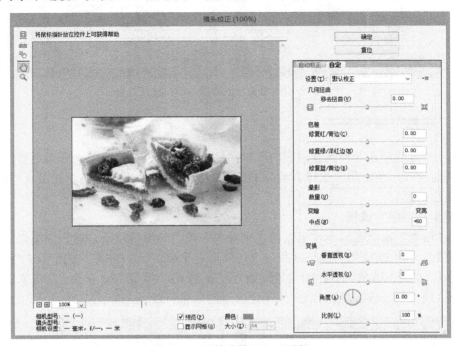

图 5-70 "镜头校正"对话框

"镜头校正"对话框各主要工具及选项的用法如下。

- 移去扭曲工具：帮助图像校正镜头的桶形失真与枕形失真,桶形失真是常见的镜头缺陷之一,会导致图像的直线向外弯曲;而枕形失真的效果则相反,直线会向内弯曲,用户可以通过移去扭曲工具来进行校正。
- 拉直工具：绘制一条直线将图像拉直到新的横轴或纵轴。
- 移动网格工具：移动对齐网格。
- 色差：色差是由于镜头无法将不同频率的光线聚焦到同一点而造成的,就好像在印刷中套印没有套准的效果,通过"修复红/青边"选项可以校准红色通道相对于绿色通道的大小;通过"修复蓝/黄边"选项可以校准蓝色通道相对于绿色通道的大小。
- 晕影：用于图像边缘过暗或过亮的校正。
- 数量：设置沿图像边缘变亮或变暗的程度。
- 垂直透视：校正由镜头产生的图像透视,使用垂直线校正平行。
- 水平透视：校正由镜头产生的图像透视,使用水平线校正平行。
- 角度：校正图像的倾斜角度,也可以通过旋转拉直工具进行校正。
- 比例：设置图像的缩放比例。

5.4.18 "消失点"滤镜

"消失点"滤镜可以在透视的角度下编辑图像,允许在包含透视平面的图像中进行透视校

正编辑。通过使用"消失点"滤镜修饰、添加或移去图像中包含有透视的内容。图 5-71 所示为"消失点"对话框，如图 5-72 所示为两张原始图片，执行"滤镜 | 消失点"命令后的滤镜效果如图 5-73 所示。

图 5-71 "消失点"对话框

图 5-72 原始图片

图 5-73 "消失点"滤镜效果

5.4.19 "Camera Raw"滤镜

"Camera Raw"滤镜可以使图像的某一部分变得更加突出,从而引起观者的注意力。执行"径向"滤镜,效果如图5-74所示。执行"渐变"滤镜,效果如图5-75所示。

图 5-74　原始图片与"径向"滤镜效果

图 5-75　原始图片与"渐变"滤镜效果

5.5　项目小结

首先,一个优秀的网站要有一个明确的主题,明确该网站有什么目的,用来做什么,整个网站的设计要围绕该主题;其次,要了解网站所在行业的用户,用户访问量多少是一个网站成败的关键。

5.6　项目训练五

学生根据网页设计要求,创作完成"端午节"网站首页,设计要求如下。
① 根据网页内容设计主题,自主搜集相关素材。
② 对网页的结构、栏目的设置、网页的风格、文字图片进行整体规划,使网页制作驾轻就熟,胸有成竹。
③ 能够对整个页面布局、页面配色的知识和技能有一个全新的升华及应用。
④ 熟练使用 Photoshop CC 相关工具,掌握其操作技巧和重要环节,完成创作。

反侵权盗版声明

电子工业出版社依法对本作品享有专有出版权。任何未经权利人书面许可，复制、销售或通过信息网络传播本作品的行为；歪曲、篡改、剽窃本作品的行为，均违反《中华人民共和国著作权法》，其行为人应承担相应的民事责任和行政责任，构成犯罪的，将被依法追究刑事责任。

为了维护市场秩序，保护权利人的合法权益，我社将依法查处和打击侵权盗版的单位和个人。欢迎社会各界人士积极举报侵权盗版行为，本社将奖励举报有功人员，并保证举报人的信息不被泄露。

举报电话：（010）88254396；（010）88258888

传　　真：（010）88254397

E-mail：dbqq@phei.com.cn

通信地址：北京市万寿路173信箱　电子工业出版社总编办公室

邮　　编：100036